수학리더
응용·심화

Chunjae
Makes
Chunjae

▼

기획총괄	박금옥
편집개발	윤경옥, 박초아, 조은영, 김연정, 김수정, 임희정, 한인숙, 이혜지, 최민주
디자인총괄	김희정
표지디자인	윤순미, 박민정
내지디자인	박희춘
제작	황성진, 조규영

발행일	2023년 8월 15일 3판 2023년 8월 15일 1쇄
발행인	(주)천재교육
주소	서울시 금천구 가산로9길 54
신고번호	제2001-000018호
고객센터	1577-0902
교재 구입 문의	1522-5566

수학 리더 응용·심화 1-1

BOOK 1

심화북 차례

이 책의 구성과 특징

심화북

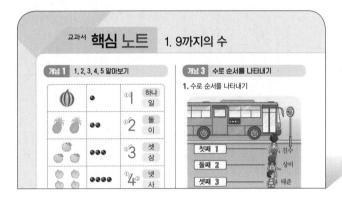

교과서 핵심 노트

단원별 교과서 핵심 개념을 한눈에 익힐 수 있습니다.

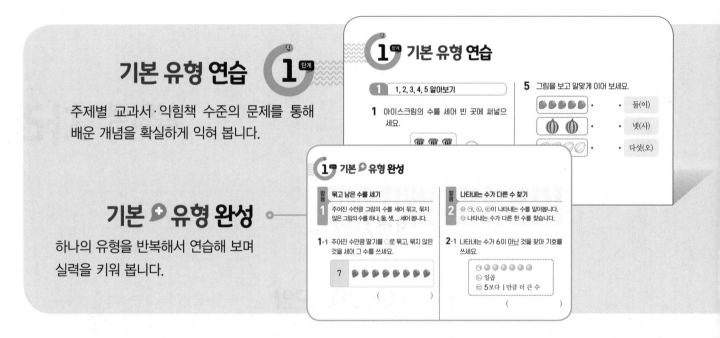

기본 유형 연습 ①단계

주제별 교과서·익힘책 수준의 문제를 통해 배운 개념을 확실하게 익혀 봅니다.

기본 유형 완성

하나의 유형을 반복해서 연습해 보며 실력을 키워 봅니다.

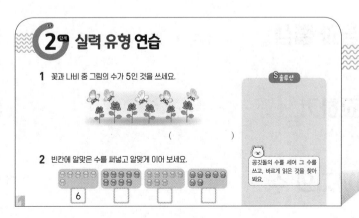

②단계 실력 유형 연습

학교 시험에 자주 출제되는 다양한 실력 문제를 풀어 봅니다.

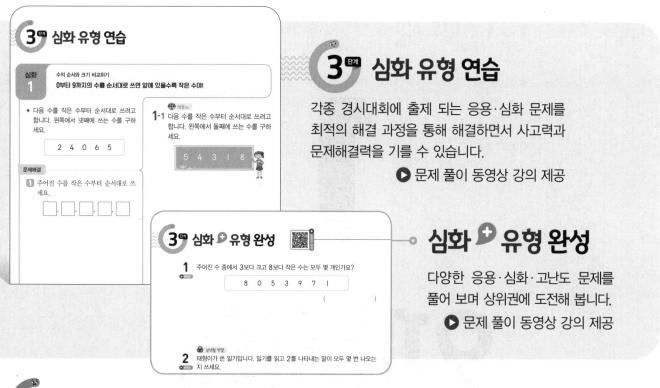

3단계 심화 유형 연습

각종 경시대회에 출제 되는 응용·심화 문제를 최적의 해결 과정을 통해 해결하면서 사고력과 문제해결력을 기를 수 있습니다.

▶ 문제 풀이 동영상 강의 제공

심화 ➕ 유형 완성

다양한 응용·심화·고난도 문제를 풀어 보며 상위권에 도전해 봅니다.

▶ 문제 풀이 동영상 강의 제공

Test 단원 실력 평가 각종 경시대회에 출제되었던 기출 유형을 풀어 보면서 실력을 평가해 봅니다.

Book 2

경시 대비북

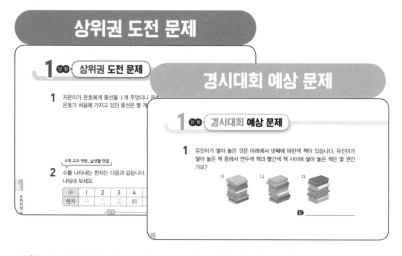

단원별 다양한 응용·심화·경시대회 기출 문제를 풀어 봅니다.

교내·외 경시대회를 대비하여 전단원 문제를 풀면서 실력을 평가해 봅니다.

1

9까지의 수

1단원의 대표 심화 유형

● 학습한 후에 이해가 부족한 유형에 체크하고 한 번 더 공부해 보세요.

 큐알 코드를 찍으면 개념 학습 영상과 문제 풀이 영상도 보고, 수학 게임도 할 수 있어요.

이번에 배울 내용 _____ 1-1

❖ **9까지의 수**
• 1부터 9까지의 수 / 수로 순서를 나타내기
• 1만큼 더 큰 수, 1만큼 더 작은 수
• 수의 순서 알아보기
• 0 알아보기 / 수의 크기 비교하기

이후에 배울 내용 _____ 1-1

❖ **50까지의 수**
• 10 알아보기
• 50까지의 수를 읽고 쓰기
• 수의 순서 / 수의 크기 비교

개념 1 1, 2, 3, 4, 5 알아보기

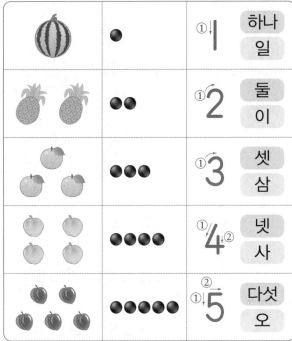

🍉	●	①1	하나 / 일
🍍🍍	●●	①2	둘 / 이
🍎🍎🍎	●●●	①3	셋 / 삼
🍎🍎🍎🍎	●●●●	①4②	넷 / 사
🍑🍑🍑🍑🍑	●●●●●	①②5	다섯 / 오

개념 2 6, 7, 8, 9 알아보기

옥수수 6개	●●●●●●	①6	여섯 / 육
키위 7개	●●●●● ●●	①②7	일곱 / 칠
사과 8개	●●●● ●●●●	①8	여덟 / 팔
딸기 9개	●●●●● ●●●●	①9	아홉 / 구

참고 수를 상황에 따라 다르게 읽기

> 같은 수라도 상황에 따라 다르게 읽어.

예 사탕이 <u>6</u>개 있습니다. ➡ 여섯 개
오늘은 <u>5</u>월 <u>6</u>일입니다. ➡ 육 일

개념 3 수로 순서를 나타내기

1. 수로 순서를 나타내기

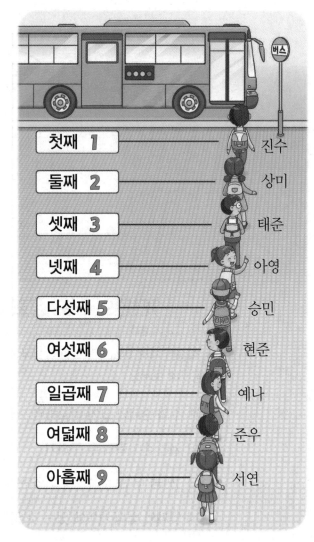

첫째 1	진수
둘째 2	상미
셋째 3	태준
넷째 4	아영
다섯째 5	승민
여섯째 6	현준
일곱째 7	예나
여덟째 8	준우
아홉째 9	서연

(1) **첫째**는 진수입니다.
첫째를 수로 나타내면 **1**입니다.
(2) 승민이는 **다섯째**입니다.
다섯째를 수로 나타내면 **5**입니다.

2. 기준을 넣어 순서 말하기
앞과 뒤, 위와 아래, 왼쪽과 오른쪽
등의 기준을 넣어 순서를 말할 수 있습니다.
예 아영이는 **앞**에서 넷째입니다.
아영이는 **뒤**에서 여섯째입니다.

개념 4 수의 순서 알아보기

1. 1부터 9까지의 수의 순서 알아보기

 1 다음에는 2가 와.

2 다음에는 3이 와.

2. 수의 순서를 거꾸로 세어 쓰기

개념 5 1만큼 더 큰 수, 1만큼 더 작은 수

5보다 1만큼 더 큰 수

5보다 1만큼 더 작은 수

┌ **5**보다 **1**만큼 더 큰 수는 **6**입니다.
└ **5**보다 **1**만큼 더 작은 수는 **4**입니다.

수를 순서대로 세었을 때
바로 앞의 수가 1만큼 더 작은 수이고
바로 다음의 수가 1만큼 더 큰 수야.

개념 6 0 알아보기

 2   1   0

아무것도 없는 것을 **0**이라
쓰고 **영**이라고 읽습니다.

개념 7 수의 크기 비교하기

1. 공의 수 비교하기

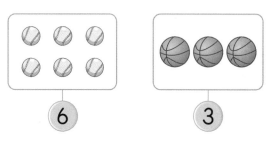

6   3

(1) 야구공은 농구공보다 **많습니다.**
  6은 **3**보다 **큽니다.**
(2) 농구공은 야구공보다 **적습니다.**
  3은 **6**보다 **작습니다.**

물건의 양을 비교할 때에는 '많다',
'적다'로 말하고 수의 크기를 비교할
때에는 '크다', '작다'로 말합니다.

2. 두 수의 크기 비교하기

수를 순서대로 썼을 때 **앞에 있을수
록 작은 수**이고 **뒤에 있을수록
큰 수**입니다.

예 5와 7의 크기 비교하기

가장 작은 수 ← 4 5 6 7 → 가장 큰 수

┌ **5**는 **7**보다 작습니다.
└ **7**은 **5**보다 큽니다.

참고 세 수의 크기 비교
수를 순서대로 썼을 때 가장 앞에 있는
수가 가장 작은 수, 가장 뒤에 있는 수가
가장 큰 수입니다.

1단계 기본 유형 연습

---

1 1, 2, 3, 4, 5 알아보기

1 아이스크림의 수를 세어 빈 곳에 써넣으세요.

2 수를 두 가지 방법으로 읽어 보세요.

4 ➡ (   ), (   )

[3~4] 그림을 보고 물음에 답하세요.

3 야구공의 수만큼 ○를 그리고, 그 수를 □ 안에 쓰세요.

4 축구공의 수만큼 ○를 그리고, 그 수를 □ 안에 쓰세요.

---

5 그림을 보고 알맞게 이어 보세요.

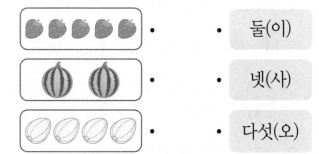

· · 둘(이)

· · 넷(사)

· · 다섯(오)

6 고래의 수만큼 알맞게 색칠해 보세요.

내가 본 고래는 1마리야.

7 밑줄 친 것을 바르게 읽어 보세요.

 우리 반 교실은 5층에 있어.

(   ) 층

2 6, 7, 8, 9 알아보기

8 연필의 수를 세어 빈칸에 써넣으세요.

9 그림을 보고 □ 안에 알맞은 수를 써넣으세요.

연못에 개구리는 [ ] 마리 있고 오리는

[ ] 마리 있습니다.

10 물고기의 수가 7인 것에 ○표 하세요.

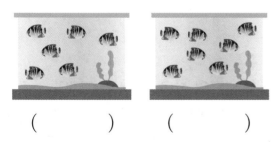

(   )   (   )

11 빈 곳에 알맞은 수를 써넣으세요.

칠	팔	육	구
7			

12 수만큼 각각 색칠해 보세요.

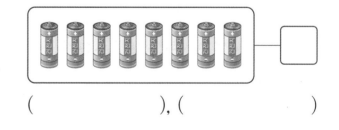

13 건전지의 수를 세어 빈 곳에 써넣고, 그 수를 두 가지 방법으로 읽어 보세요.

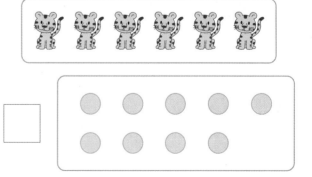

(   ), (   )

14 호랑이의 수를 세어 □ 안에 써넣고 그 수만큼 ⬤를 묶어 보세요.

3 수로 순서를 나타내기

15 순서에 알맞게 이어 보세요.

첫째

16 오른쪽에서 넷째에 있는 동물은 무엇인가요?

토끼   사자   곰   호랑이   말

(   )

[17~18] 보기 와 같이 색칠해 보세요.

보기

3	●●●○○○○○○
셋째	○○●○○○○○○

17

4	♡♡♡♡♡♡♡♡♡
넷째	♡♡♡♡♡♡♡♡♡

18

9	◇◇◇◇◇◇◇◇◇
아홉째	◇◇◇◇◇◇◇◇◇

19 그림을 보고 알맞게 이어 보세요.

위

위에서 둘째 •

아래에서 넷째 •

위에서 일곱째 •

아래에서 첫째 •

아래

추론

20 나연이가 쌓아 놓은 것은 아래에서 넷째에 파란색 책이 있습니다. 나연이가 쌓아 놓은 것에 ○표 하세요.

(   )   (   )

문제 해결

21 학생들이 한 줄로 서 있습니다. 소미는 앞에서 여섯째 학생의 바로 다음에 서 있습니다. 소미는 앞에서 몇째에 서 있나요?

(   )

10

4 수의 순서 알아보기

22 순서대로 빈 곳에 수를 써넣으세요.

[23~24] 수를 순서대로 이어 보세요.

23

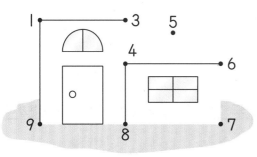

24

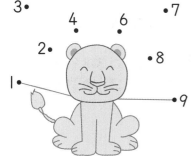

25 화분을 번호 순서대로 놓았습니다. 빈 곳에 알맞은 수를 써넣으세요.

26 순서를 거꾸로 세어 빈 곳에 수를 써넣으세요.

⚡ 추론

27 1부터 5까지의 수 카드를 순서대로 놓았습니다. 빈 카드에 알맞은 수는 얼마인가요?

(   )

28 9부터 순서를 거꾸로 하여 수를 세고 있습니다. 6 다음에 세는 수를 쓰세요.

(   )

5 1만큼 더 큰 수, 1만큼 더 작은 수

29 빈 곳에 알맞은 수를 써넣으세요.

30 그림의 수보다 I만큼 더 작은 수를 ○ 안에, I만큼 더 큰 수를 □ 안에 써넣으세요.

31 □ 안에 알맞은 수를 써넣으세요.

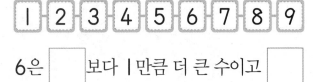

6은 □ 보다 I만큼 더 큰 수이고 □ 보다 I만큼 더 작은 수입니다.

 문제 해결

32 꽃밭에 벌이 2마리 있습니다. 잠시 후 I마리가 더 날아왔습니다. 벌은 모두 몇 마리가 되었나요? 꼭 단위까지 따라 쓰세요.

(마리)

---

6 0 알아보기

33 새의 수를 세어 빈 곳에 써넣으세요.

3

34 구슬의 수를 세어 □ 안에 써넣으세요.

35 넣은 고리의 수를 세어 빈 곳에 써넣으세요.

36 남은 쿠키의 수는 몇 개인가요?

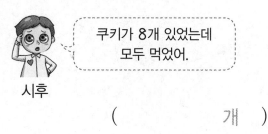

쿠키가 8개 있었는데 모두 먹었어.

시후

(개)

7 수의 크기 비교하기

37 수만큼 색칠하고, 알맞은 말에 ○표 하세요.

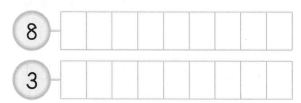

8은 3보다 (큽니다 , 작습니다).
3은 8보다 (큽니다 , 작습니다).

38 밤의 수보다 더 많은 것에 ○표 하세요.

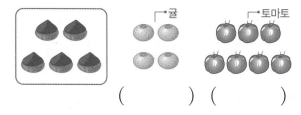

(   ) (   )

39 더 많은 것의 수를 쓰세요.

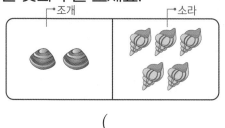

(   )

40 7보다 큰 수를 모두 찾아 쓰세요.

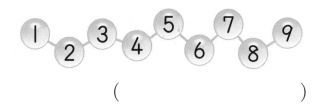

(   )

41 그림의 수를 세어 비교해 보세요.

새는 나비보다 (많습니다 , 적습니다).

4는 [   ]보다 (큽니다 , 작습니다).

42 가운데 수보다 작은 수에는 빨간색을, 큰 수에는 초록색을 색칠해 보세요.

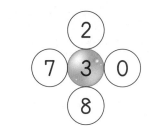

1

9까지의 수

13

문제 해결

43 지호는 색연필을 6자루 가지고 있고, 연주는 8자루 가지고 있습니다. 색연필을 더 많이 가지고 있는 사람은 누구인가요?

(   )

활용 1 묶고 남은 수를 세기

주어진 수만큼 그림의 수를 세어 묶고, 묶지 않은 그림의 수를 하나, 둘, 셋, ... 세어 봅니다.

1-1 주어진 수만큼 딸기를 ○로 묶고, 묶지 않은 것을 세어 그 수를 쓰세요.

( )

1-2 주어진 수만큼 사탕을 ○로 묶고, 묶지 않은 것을 세어 그 수를 쓰세요.

( )

1-3 주어진 수만큼 사과를 ○로 묶고, 묶지 않은 것을 세어 두 가지 방법으로 읽어 보세요.

( ), ( )

활용 2 나타내는 수가 다른 수 찾기

❶ ㉠, ㉡, ㉢이 나타내는 수를 알아봅니다.
❷ 나타내는 수가 다른 한 수를 찾습니다.

2-1 나타내는 수가 6이 <u>아닌</u> 것을 찾아 기호를 쓰세요.

㉡ 일곱
㉢ 5보다 1만큼 더 큰 수

( )

2-2 나타내는 수가 8이 <u>아닌</u> 것을 찾아 기호를 쓰세요.

㉡ 팔
㉢ 9보다 1만큼 더 작은 수

( )

2-3 나머지 셋과 <u>다른</u> 수를 찾아 기호를 쓰세요.

㉠ 칠   ㉡ 일곱

㉣ 8보다 1만큼 더 큰 수

( )

활용 3 기준을 넣어 순서 알아보기

주어진 기준에 맞게 순서를 세어 첫째, 둘째, 셋째, ...에 있는 것은 무엇인지 알아봅니다.

3-1 연두색 서랍은 위에서 몇째에 있나요?

(   )

3-2 노란색 풍선은 왼쪽에서 몇째에 있나요?

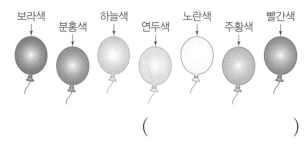

(   )

3-3 빨간색과 주황색 깃발 사이에 있는 깃발은 오른쪽에서 몇째에 있나요?

(   )

활용 4 기준이 되는 수 구하기

거꾸로 생각하여 구합니다.

예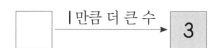

4-1 ☐ 안에 알맞은 수를 써넣으세요.

☐ —I만큼 더 큰 수→ 3

4-2 ☐ 안에 알맞은 수를 써넣으세요.

6 ←I만큼 더 작은 수— ☐

4-3 ☐ 안에 알맞은 수보다 I만큼 더 작은 수를 구하세요.

☐ 보다 I만큼 더 큰 수는 4입니다.

(   )

1

9까지의 수

15

②단계 실력 유형 연습

1 꽃과 나비 중 그림의 수가 5인 것을 쓰세요.

( )

 솔루션

2 빈칸에 알맞은 수를 써넣고 알맞게 이어 보세요.

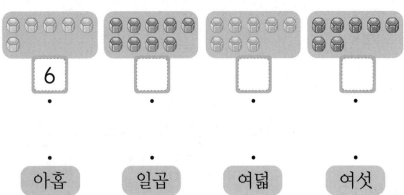

| 6 | | | |

아홉   일곱   여덟   여섯

공깃돌의 수를 세어 그 수를 쓰고, 바르게 읽은 것을 찾아 봐요.

3 더 큰 수에 ○표 하세요.

(1)

| 6 | 4 |

(2)

| 7 | 8 |

수를 순서대로 썼을 때 뒤에 있을수록 뒤의 수가 앞의 수보다 큰 수예요.

4 모자를 쓴 사람은 왼쪽에서 몇째에 서 있나요?

( )

5 유민이는 여덟 살입니다. 유민이의 나이만큼 초에 ○표 하세요.

6 컵을 순서대로 놓으려고 합니다. 알맞게 이어 보세요.

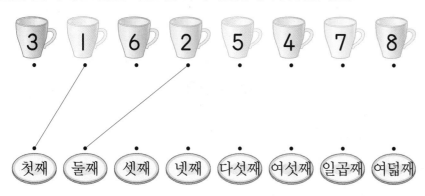

정보처리

7 순서를 거꾸로 세어 수를 썼습니다. 틀린 곳을 모두 찾아 ×표 하고 바르게 고쳐 쓰세요.

8 금붕어의 수를 세어 ○ 안에 써넣고, 그 수보다 l 만큼 더 작은 수와 l 만큼 더 큰 수를 각각 □ 안에 써넣으세요.

S 솔루션

수를 순서로 나타내는 방법을 알아봐요.

수를 순서대로 세었을 때 바로 앞의 수가 1만큼 더 작은 수이고, 바로 다음의 수가 1만큼 더 큰 수예요.

9 위에서 셋째 서랍은 아래에서 몇째 서랍인가요?

위

아래

(   )

위에서부터 순서대로 세어 셋째 서랍을 찾고 찾은 서랍을 다시 아래에서부터 순서대로 세어 아래에서 몇째 서랍인지 알아봐요.

 의사소통

10 수를 넣어 자기 자신을 소개해 보세요. 또 밑줄 친 부분을 알맞게 읽어 보세요.

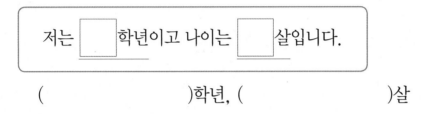

저는 [ ]학년이고 나이는 [ ]살입니다.

(   )학년, (   )살

11 가장 큰 수에 ○표, 가장 작은 수에 △표 하세요.

2   7   0   5

수를 순서대로 썼을 때 가장 앞에 있는 수가 가장 작은 수, 가장 뒤에 있는 수가 가장 큰 수가 돼요.

12 재호네 가족은 3명입니다. 곧 동생 한 명이 태어나면 재호네 가족은 몇 명이 되는지 구하세요.

(   )

추론

13 동물들이 보기와 같이 순서대로 줄을 섰습니다. 순서에 알맞게 빈 곳에 수를 써넣으세요.

 S 솔루션

7마리의 동물들이 줄을 선 순서대로 1, 2, 3, 4, 5, 6, 7을 써넣어요.

14 태연이는 연필을 7자루보다 1자루 더 적게 가지고 있습니다. 태연이가 가지고 있는 연필은 몇 자루인지 구하세요.

( )

15 민규네 모둠 어린이 9명이 한 줄로 서 있습니다. 민규는 앞에서 다섯째에 서 있고, 민규의 바로 앞에는 준휘가 서 있습니다. 준휘는 뒤에서 몇째에 서 있는지 구하세요.

(1) 한 줄로 서 있는 어린이 9명을 ○로 나타낸 것입니다. 민규가 서 있는 위치의 ○에 색칠해 보세요.

(앞) ○ ○ ○ ○ ○ ○ ○ ○ ○ (뒤)

(2) 위 (1)에서 준휘가 서 있는 위치에 색칠해 보세요.

(3) 준휘는 뒤에서 몇째에 서 있는지 구하세요.

( )

 민규가 서 있는 위치에 색칠한 후 민규의 바로 앞에 서 있는 준휘의 위치를 알아봐요.

심화 1

수의 순서와 크기 비교하기

0부터 9까지의 수를 순서대로 쓰면 앞에 있을수록 작은 수야!

◆ 다음 수를 작은 수부터 순서대로 쓰려고 합니다. 왼쪽에서 넷째에 쓰는 수를 구하세요.

| 2 | 4 | 0 | 6 | 5 |

문제해결

1 주어진 수를 작은 수부터 순서대로 쓰세요.

☐ , ☐ , ☐ , ☐ , ☐

2 위 **1** 에서 쓴 수를 보고 왼쪽에서 넷째에 쓰는 수를 구하세요.

(   )

쌍둥이

1-1 다음 수를 작은 수부터 순서대로 쓰려고 합니다. 왼쪽에서 둘째에 쓰는 수를 구하세요.

| 5 | 4 | 3 | 1 | 8 |

답 _____

변형

1-2 준영이는 3부터 9까지의 수를 순서를 거꾸로 세어 썼습니다. 오른쪽에서 다섯째에 쓴 수를 구하세요.

답 _____

심화 2

펼친 손가락의 수 구하기

가위바위보에서 무엇을 내야 이기는지 생각해 봐!

◆ 현주와 승현이가 가위바위보를 했습니다. 현주가 보를 내어 이겼다면 두 사람이 펼친 손가락은 모두 몇 개인가요?

현주

?

승현

문제해결

1 승현이가 가위, 바위, 보 중에서 낸 것에 ◯표 하세요.

(   ) (   ) (   )

2 두 사람이 펼친 손가락은 모두 몇 개인가요?

(   )

쌍둥이

2-1 승관이와 민우가 가위바위보를 했습니다. 승관이가 바위를 내어 이겼다면 두 사람이 펼친 손가락은 모두 몇 개인가요?

승관

?

민우

답 _____

변형

2-2 은영, 진우, 준서가 동시에 가위바위보를 했는데 은영이와 진우가 가위를 내어 준서가 졌습니다. 세 사람이 펼친 손가락은 모두 몇 개인가요?

답 _____

심화 3

1만큼 더 큰 수, 1만큼 더 작은 수 구하기

나이가 많으면 큰 수로, 나이가 적으면 작은 수로 생각하자!

◆ 명호는 6살입니다. 정한이는 명호보다 1살 더 많고, 민규는 정한이보다 1살 더 많습니다. 민규는 몇 살인지 구하세요.

문제해결

1 정한이는 몇 살인지 구하세요.

(   )

2 민규는 몇 살인지 구하세요.

(   )

쌍둥이

3-1 성재는 9살입니다. 창섭이는 성재보다 1살 더 적고, 은지는 창섭이보다 1살 더 적습니다. 은지는 몇 살인지 구하세요.

답 _____

변형

3-2 정국이는 6살입니다. 혜리는 정국이보다 1살 더 많고 은채는 혜리보다 2살 더 적습니다. 나이가 가장 적은 사람의 이름을 쓰세요.

답 _____

심화 4

몇째와 몇째 사이에 있는 것 알아보기

'●째와 ■째 사이에 ●째와 ■째는 들어가지 않아!

◆ 운동장에 학생 **9**명이 한 줄로 서 있습니다. 앞에서 넷째 학생과 일곱째 학생 사이에는 몇 명이 서 있나요?

(앞) ㉠ ㉡ ㉢ ㉣ ㉤ ㉥ ㉦ ㉧ ㉨ (뒤)

문제해결

1 앞에서 넷째 학생과 일곱째 학생을 각각 찾아 기호를 쓰세요.

넷째 학생 (   )

일곱째 학생 (   )

2 앞에서 넷째 학생과 일곱째 학생 사이에는 몇 명이 서 있는지 구하세요.

(   )

⚖️ 쌍둥이

4-1 올림픽 메달을 딴 선수들이 옆으로 나란히 서 있습니다. 왼쪽에서 셋째 선수와 여덟째 선수 사이에는 몇 명이 서 있나요?

가 나 다 라 마 바 사 아 자

답 _____

💡 변형

4-2 버스정류장에 학생 **9**명이 한 줄로 서 있습니다. 지우는 앞에서 둘째, 혜수는 뒤에서 넷째에 서 있다면 지우와 혜수 사이에는 몇 명이 서 있나요?

답 _____

1

9까지의 수

23

심화 5

□ 안에 공통으로 들어갈 수 구하기

'■는 ●보다 작다(크다)'를 '●는 ■보다 크다(작다)'로 생각하자!

◆ 1부터 9까지의 수 중에서 ㉠과 ㉡에 공통으로 들어갈 수 있는 수를 구하세요.

- 4는 ㉠ 보다 작습니다.
- ㉡ 은/는 6보다 작습니다.

문제해결

1 ㉠에 들어갈 수 있는 수를 모두 구하세요.

(   )

2 ㉡에 들어갈 수 있는 수를 모두 구하세요.

(   )

3 ㉠과 ㉡에 공통으로 들어갈 수 있는 수를 구하세요.

(   )

쌍둥이

5-1 1부터 9까지의 수 중에서 ㉠과 ㉡에 공통으로 들어갈 수 있는 수를 구하세요.

- 8은 ㉠ 보다 큽니다.
- ㉡ 은/는 6보다 큽니다.

답 _____

변형

5-2 1부터 9까지의 수 중에서 ㉠과 ㉡에 공통으로 들어갈 수 있는 수를 모두 구하세요.

- ㉠ 은/는 5보다 큽니다.
- 7은 ㉡ 보다 작습니다.

답 _____

심화 6

전체 수 구하기

기준에 따라 그림을 그려 알아보자!

◆ 준서네 모둠 학생이 달리기를 하였습니다. 준서는 앞에서 넷째, 뒤에서 둘째로 들어 왔습니다. 준서네 모둠 학생은 모두 몇 명인가요?

문제해결

1 준서의 앞과 뒤에서 달린 학생을 ○로 나타내 보세요.

(앞)   ○   (뒤)
준서

2 준서네 모둠 학생은 모두 몇 명인가요?

(   )

쌍둥이

6-1 다현이네 모둠 학생이 꼬리잡기를 하려고 한 줄로 서 있습니다. 다현이는 앞에서 셋째, 뒤에서 다섯째에 서 있습니다. 다현이네 모둠 학생은 모두 몇 명인가요?

답 _____

변형

6-2 소희네 모둠 학생이 줄다리기를 하려고 한 줄로 서 있습니다. 소희는 앞에서 둘째에 서 있고 바로 뒤에 혜수가 서 있습니다. 혜수가 뒤에서 일곱째에 서 있다면 소희네 모둠 학생은 모두 몇 명인가요?

답 _____

1

9까지의 수

25

1 주어진 수 중에서 3보다 크고 8보다 작은 수는 모두 몇 개인가요?

8	0	5	3	9	7	1

(   )

실생활 연결

2 태형이가 쓴 일기입니다. 일기를 읽고 2를 나타내는 말이 모두 몇 번 나오는지 쓰세요.

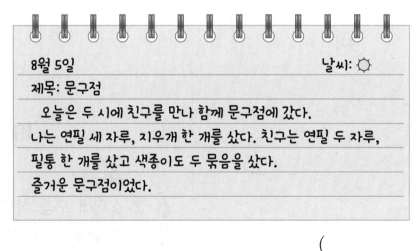

8월 5일   날씨: ☀

제목: 문구점

　오늘은 두 시에 친구를 만나 함께 문구점에 갔다.

나는 연필 세 자루, 지우개 한 개를 샀다. 친구는 연필 두 자루,

필통 한 개를 샀고 색종이도 두 묶음을 샀다.

즐거운 문구점이었다.

(   )

3 초콜릿을 우식이는 5개, 서준이는 9개 가지고 있습니다. 두 사람이 가지고 있는 초콜릿의 수가 같아지려면 서준이는 우식이에게 초콜릿을 몇 개 주어야 하나요?

(   )

4 유진이는 친구 8명과 함께 달리기를 하고 있습니다. 유진이는 7등으로 달리다가 2명을 앞질렀습니다. 유진이 뒤에서 달리는 학생은 몇 명인가요?

( )

5 연속하는 수는 1, 2, 3, ...과 같이 1만큼씩 더 커지도록 늘어놓는 수입니다. 다음 수 카드 7장을 왼쪽에서 작은 수부터 연속하는 수가 되도록 늘어놓았을 때 오른쪽에서 셋째와 여섯째 사이에 놓이는 수를 모두 구하세요.

(단, ▲는 ★보다 작은 수입니다.)

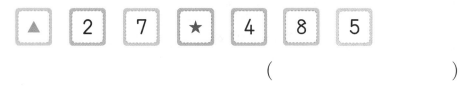

( )

6 영지, 미현, 은지가 종이비행기를 접었습니다. 세 사람 중에서 종이비행기를 가장 적게 접은 사람은 누구이고, 몇 개 접었는지 순서대로 쓰세요.

- 영지는 5개보다 2개 더 많이 접었습니다.
- 미현이는 1개를 더 접으면 영지가 접은 종이비행기의 수와 같아집니다.
- 은지는 미현이보다 3개 더 많이 접었습니다.

( ), ( )

BOOK❷ 2~7쪽에서 경시대회 문제 도전!

1 책꽂이에 꽂혀 있는 책의 수를 세어 그 수를 □ 안에 써넣으세요.

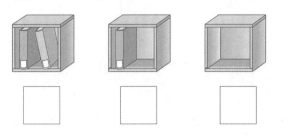

2 알맞게 이어 보세요.

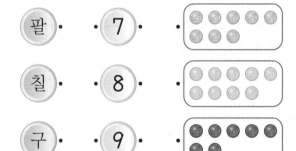

3 수를 잘못 읽은 것은 어느 것인가요?
⋯⋯⋯⋯⋯⋯⋯⋯⋯⋯⋯⋯ ( )

① ㅣ ➡ 하나   ② 0 ➡ 영
③ 3 ➡ 넷   ④ 2 ➡ 둘
⑤ 6 ➡ 여섯

4 수의 순서대로 보관함의 빈칸에 번호를 써넣으세요.

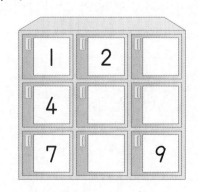

5 왼쪽에서부터 알맞게 색칠한 것을 찾아 기호를 쓰세요.

( )

6 순서를 거꾸로 세어 빈 곳에 수를 써넣으세요.

7 왼쪽의 수만큼 묶고, 묶지 않은 것을 세어 그 수를 빈 곳에 써넣으세요.

8 □ 안에 알맞은 수를 써넣으세요.

5는 □ 보다 ㅣ만큼 더 큰 수이고

□ 보다 ㅣ만큼 더 작은 수입니다.

9까지의 수

9 세호는 딸기를 8개 땄고, 태희는 세호보다 1개 더 많이 땄습니다. 태희가 딴 딸기는 몇 개인가요?

( )

10 가장 큰 수에 ○표, 가장 작은 수에 △표 하세요.

8	1	4

11 왼쪽에서 둘째에 있는 동물은 오른쪽에서 몇째인가요?

돼지   말   원숭이   개   고양이   양

( )

12 수학 문제를 은주는 7개, 수민이는 4개, 영호는 6개 맞혔습니다. 수학 문제를 가장 적게 맞힌 사람은 누구인지 풀이 과정을 쓰고 답을 구하세요.

[풀이]

[답] _____

13 7보다 작은 수는 모두 몇 개인지 구하세요.

5	3	8	0	7	9

( )

14 1부터 9까지의 수 중에서 ㉠과 ㉡에 공통으로 들어갈 수 있는 수를 모두 구하세요.

- ㉠ 은/는 7보다 작습니다.
- 3은 ㉡ 보다 작습니다.

( )

15 지혜와 은우는 버스를 타려고 한 줄로 서 있습니다. 지혜는 앞에서 둘째에, 은우는 앞에서 다섯째에 서 있습니다. 지혜와 은우 사이에는 몇 명이 서 있는지 풀이 과정을 쓰고 답을 구하세요.

[풀이]

[답] _____

2

여러 가지 모양

2단원의 대표 심화 유형

● 학습한 후에 이해가 부족한 유형에 체크하고 한 번 더 공부해 보세요.

01 같은 모양끼리 모으기 ················· ✓

02 사용한 모양의 개수 구하기 ············· ✓

03 평평한 부분이 있는 물건 찾기 ·········· ✓

04 어떤 모양을 몇 개 더 사용했는지 구하기 ✓

05 조건에 맞는 모양의 개수 구하기 ········ ✓

06 만들기 전에 있던 모양의 개수 구하기 ··· ✓

 큐알 코드를 찍으면 개념 학습 영상과 문제
풀이 영상도 보고, 수학 게임도 할 수 있어요.

이번에 배울 내용 _____ 1-1

❖ 여러 가지 모양

• ⬜, ⬛, ⚪ 모양 찾기
• ⬜, ⬛, ⚪ 모양 알기
• 여러 가지 모양 만들기

이후에 배울 내용 _____ 1-2

❖ 여러 가지 모양

• △, □, ○ 모양 찾기
• △, □, ○ 모양 알기
• 여러 가지 모양으로 꾸미기

개념 1 여러 가지 모양 찾기(1)

• ⬜, 🔲, ⚪ 모양 찾기

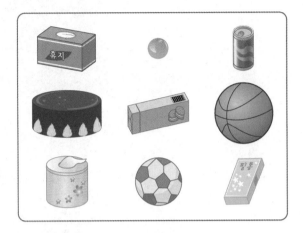

🐰 같은 모양을 찾을 때는 크기와 색은 생각하지 않아!

(1) ⬜ 모양 찾기

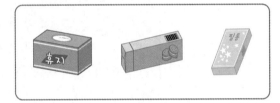

(2) 🔲 모양 찾기

(3) ⚪ 모양 찾기

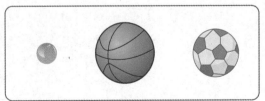

개념 2 여러 가지 모양 찾기(2)

1. ⬜, 🔲, ⚪ 모양의 물건을 같은 모양끼리 모으기

(1)
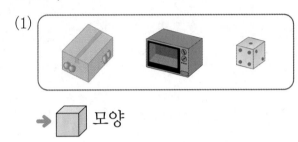

➡ ⬜ 모양

(2)
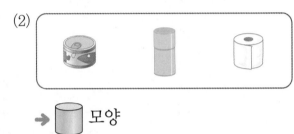

➡ 🔲 모양

(3)
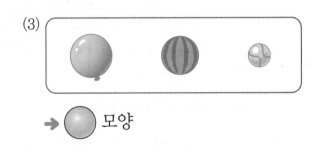

➡ ⚪ 모양

2. ⬜, 🔲, ⚪ 모양의 이름 정하기

🐱 ⬜ 모양은 네모난 상자와 비슷하니까 상자 모양이라고 부르면 좋겠어.

🐱 🔲 모양은 둥근 기둥과 비슷하니까 둥근 기둥 모양이라고 부르면 좋겠어.

🐱 ⚪ 모양은 공과 비슷하니까 공 모양이라고 부르면 좋겠어.

친구들과 이야기하여 ⬜, 🔲, ⚪ 모양에 알맞은 이름을 정합니다.

개념 3 여러 가지 모양 알아보기

1. 모양을 만져보고 특징 설명하기

(1)

➜ **뾰족한 부분**과 **평평한 부분**이 있습니다.

(2)
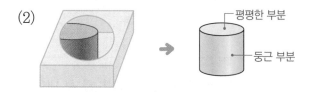

➜ **평평한 부분**과 **둥근 부분**이 있습니다.

(3)

➜ **둥근 부분**만 있습니다.

2. 모양을 쌓아 보고 굴려 보기

(1) 모양

• 여러 방향으로 잘 쌓을 수 있습니다.

• 잘 굴러가지 않습니다.

(2) 모양

• 세우면 쌓을 수 있습니다.

• 눕히면 잘 굴러갑니다.

(3) 모양

• 쌓을 수 없습니다.

• 여러 방향으로 잘 굴러갑니다.

개념 4 여러 가지 모양 만들기

1. ▢, ▯, ◯ 모양을 사용하여 케이크 모양 만들기

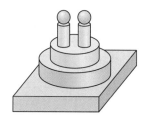

┌ ▢ 모양은 **1**개 사용했습니다.

├ ▯ 모양은 **4**개 사용했습니다.

└ ◯ 모양은 **2**개 사용했습니다.

참고 사용한 모양의 개수를 셀 때에는 빠뜨리거나 두 번 세지 않도록 ∨, ○, /와 같은 표시를 하면서 셉니다.

2. 주어진 모양을 사용하여 모양 만들기

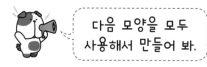
다음 모양을 모두 사용해서 만들어 봐.

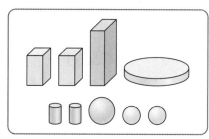

예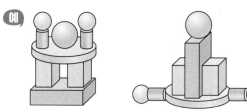

▢, ▯, ◯ 모양으로 여러 가지 모양을 만들 수 있어.

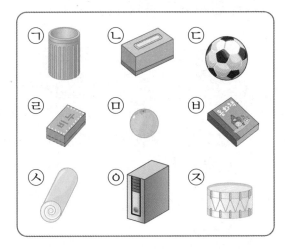

1 단계 기본 유형 연습

1 여러 가지 모양 찾기(1)

1 왼쪽과 같은 모양에 ○표 하세요.

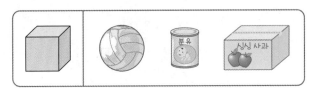

2 ⬛ 모양에 □표, 🔵 모양에 △표, ⚪ 모양에 ○표 하세요.

(   ) (   ) (   )

3 ⚪ 모양이 <u>아닌</u> 것을 찾아 ×표 하세요.

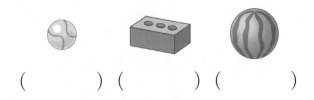

(   ) (   ) (   )

4 모양이 <u>다른</u> 하나를 찾아 ○표 하세요.

(   ) (   ) (   )

2

여러 가지 모양

34

[5~7] 그림을 보고 물음에 답하세요.

5 ⬛ 모양을 모두 찾아 기호를 쓰세요.

(   )

6 🔵 모양을 모두 찾아 기호를 쓰세요.

(   )

7 ⚪ 모양은 모두 몇 개인가요?

꼭 단위까지
따라 쓰세요.

(개   )

🔍 정보처리

8 🔵 모양이 있는 칸에 모두 색칠해 보세요.

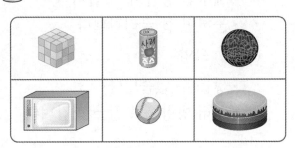

2 여러 가지 모양 찾기(2)

9 모양끼리 모으려고 합니다. 모을 수 있는 물건에 ○표 하세요.

(   ) (   ) (   )

10 같은 모양끼리 모은 것입니다. 어떤 모양을 모은 것인지 알맞은 모양에 ○표 하세요.

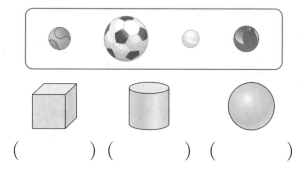

(   ) (   ) (   )

11 같은 모양끼리 이어 보세요.

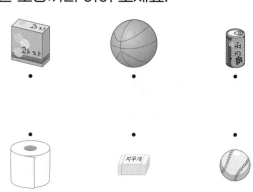

12 오른쪽 모양과 같은 모양을 모으려고 합니다. 바르게 모은 사람은 누구인가요?

선영   주환   영은

(   )

13 같은 모양끼리 모은 것에 ○표 하세요.

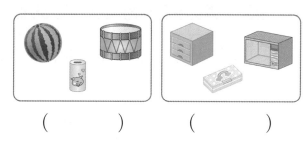

(   )   (   )

⚡ 추론

14 모양끼리 모으려고 합니다. 모을 수 <u>없는</u> 물건을 모두 찾아 기호를 쓰세요.

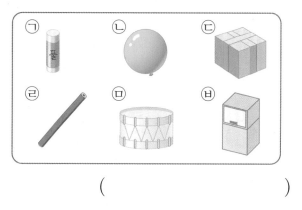

(   )

2

여러 가지 모양

35

3 여러 가지 모양 알아보기

15 왼쪽의 보이는 모양에 알맞은 모양을 찾아 ○표 하세요.

(1)

(2)

16 설명에 알맞은 모양을 찾아 ○표 하세요.

평평한 부분도 있고 둥근 부분도 있습니다.

17 알맞은 것끼리 이어 보세요.

 ·

· 잘 굴러가지만 쌓을 수 없어.

 ·

· 잘 굴러가지 않지만 쌓을 수 있어.

 ·

· 눕히면 잘 굴러가고 쌓을 수 있어.

18 상자 안에 손을 넣어 모양을 만져 보고 설명한 것입니다. 잘못 설명한 사람은 누구인가요?

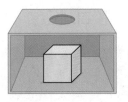

재우: 평평한 부분이 있어.
유나: 둥근 부분이 있어.
선빈: 뾰족한 부분이 있어.

( )

19 지호가 설명하는 모양의 물건을 찾아 기호를 쓰세요.

둥근 부분만 있어서 잘 굴러가.

지호

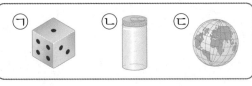

( )

20 축구공으로 오른쪽 모양이 사용되지 <u>않는</u> 까닭을 쓰세요.

까닭 _____

4 여러 가지 모양 만들기

21 석현이가 만든 모양입니다. 사용한 모양을 모두 찾아 ○표 하세요.

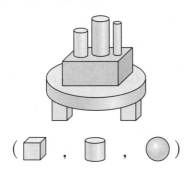

(🔲 , 🛢 , ⚪)

22 기차 모양을 만들었습니다. 사용하지 <u>않은</u> 모양에 ○표 하세요.

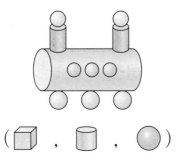

(🔲 , 🛢 , ⚪)

23 의자 모양을 만들었습니다. □ 안에 알맞은 수를 써넣으세요.

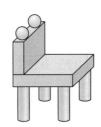

의자 모양을 만드는 데 🔲 모양 ☐ 개,

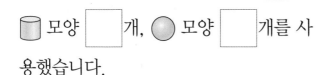 🛢 모양 ☐ 개, ⚪ 모양 ☐ 개를 사용했습니다.

24 모양을 만드는 데 사용한 ⚪ 모양은 모두 몇 개인가요?

꼭 단위까지 따라 쓰세요.

(　　　 개 　)

[25~26] 모양을 보고 물음에 답하세요.

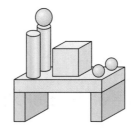

25 사용한 🔲 모양은 모두 몇 개인가요?

(　　　 개 　)

26 사용한 ⚪ 모양은 🛢 모양보다 몇 개 더 많은가요?

(　　　 개 　)

27 🔲, 🛢, ⚪ 모양을 각각 몇 개 사용했는지 세어 빈칸에 써넣으세요.

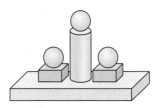

	🔲 모양	🛢 모양	⚪ 모양
개수(개)			

활용 1 모양이 다른 하나 찾기

각 물건은 어떤 모양인지 알아보고 모양이 다른 하나를 찾아봅니다.

1-1 모양이 <u>다른</u> 하나를 찾아 × 표 하세요.

(　　　　) (　　　　) (　　　　)

1-2 모양이 <u>다른</u> 하나를 찾아 기호를 쓰세요.

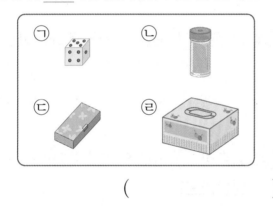

(　　　　　　　　　)

1-3 왼쪽 모양과 모양이 <u>다른</u> 하나를 찾아 기호를 쓰세요.

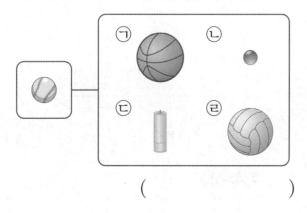

(　　　　　　　　　)

활용 2 보이는 모양과 같은 모양의 물건 찾기

보이는 모양의 특징을 알아보고 같은 모양의 물건을 찾아봅니다.

2-1 오른쪽 보이는 모양과 같은 모양의 물건을 찾아 ○표 하세요.

(　　　　) (　　　　) (　　　　)

2-2 오른쪽 보이는 모양과 같은 모양의 물건을 찾아 ○표 하세요.

(　　　　) (　　　　) (　　　　)

2-3 오른쪽 보이는 모양과 같은 모양의 물건은 모두 몇 개인가요?

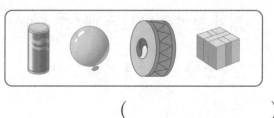

(　　　　　　　　　)

활용 **3** 주어진 모양으로 만들 수 있는 모양 찾기

만든 모양을 보고 주어진 ▢, ▢, ⬤ 모양의 수와 같은 것을 찾아봅니다.

3-1 보기 의 모양을 모두 사용하여 만들 수 있는 모양을 찾아 ○표 하세요.

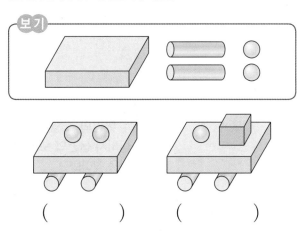

(   ) (   )

3-2 보기 의 모양을 모두 사용하여 만들 수 있는 모양을 찾아 기호를 쓰세요.

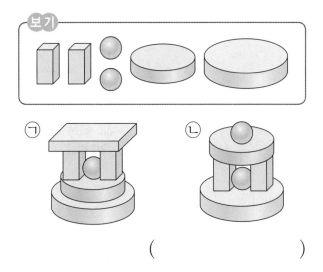

(   )

활용 **4** 모양을 만드는 데 많이(적게) 사용한 모양 찾기

만든 모양에서 ▢, ▢, ⬤ 모양은 각각 몇 개 사용했는지 알아보고 가장 많이(적게) 사용한 모양을 찾아봅니다.

4-1 ▢, ▢, ⬤ 모양을 사용하여 만든 모양입니다. 모양을 만드는 데 가장 많이 사용한 모양에 ○표 하세요.

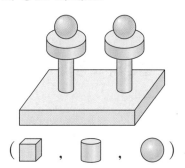

(▢ , ▢ , ⬤)

4-2 ▢, ▢, ⬤ 모양을 사용하여 만든 모양입니다. 모양을 만드는 데 가장 많이 사용한 모양에 ○표, 가장 적게 사용한 모양에 △표 하세요.

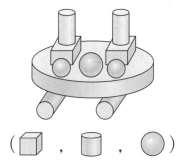

(▢ , ▢ , ⬤)

2

여러 가지 모양

39

2^{단계} 실력 유형 연습

1 각 모양의 물건을 바르게 찾은 것의 기호를 쓰세요.

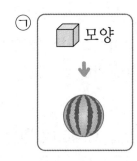 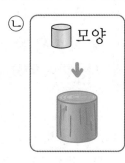 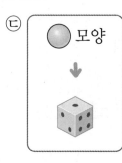

( )

[2~3] 왼쪽 물건의 모양과 <u>다른</u> 모양에 ✕표 하세요.

2

( ) ( ) ( )

> 왼쪽 물건의 모양을 알아본 후 나머지 물건의 모양 중 다른 것을 찾아봐요.

3

( ) ( ) ( )

40

여러 가지 모양

🔴 실생활 연결

4 같은 모양끼리 모은 전통 악기들입니다. 어떤 모양끼리 모은 것인지 ◯표 하세요.

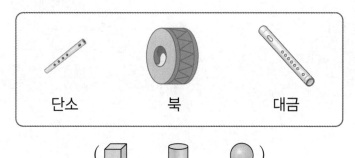

단소 　　 북 　　 대금

(⬚ , ⬢ , ⬤)

> 단소와 대금은 입으로 불어서 소리를 내고 북은 두드려서 소리를 내는 악기예요.

추론

5 보이는 모양과 같은 모양의 물건을 찾아 이어 보세요.

6 오른쪽 모양을 만드는 데 사용한 모양에 ◯표 하고, ◯표 한 모양을 모두 몇 개 사용했는지 쓰세요.

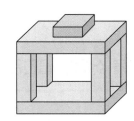

(,  , ), (   )

2

여러 가지 모양

41

7 같은 모양끼리 모은 것입니다. 잘못 설명한 것을 찾아 기호를 쓰세요.

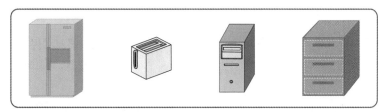

⊙ ⬛ 모양을 모은 것입니다.
ⓛ 뾰족한 부분이 있습니다.
ⓒ 둥글고 기둥 같은 부분이 있습니다.

(   )

8 , 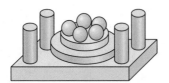 모양을 각각 몇 개 사용했는지 세어 보세요.

☐ 모양 (　　　　　　　　　)

⬭ 모양 (　　　　　　　　　)

● 모양 (　　　　　　　　　)

빠뜨리거나 두 번 세지 않도록 ∨, ○, /와 같은 표시를 하면서 세어 봐요.

9 여러 가지 물건들 중에서 쌓을 수 <u>없는</u> 물건은 모두 몇 개인가요?

(　　　　　　　　　)

쌓을 수 없는 모양은 둥근 부분만 있는 모양이에요.

10 두 모양에서 서로 <u>다른</u> 부분을 모두 찾아 ○표 하세요.

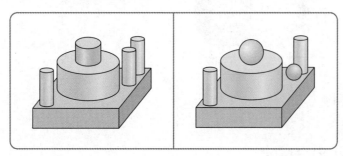

두 모양에서 어떤 모양이 사용되었는지 비교해요.

11 📦, 🥫, ⚪ 모양 중에서 가장 많은 모양의 물건을 찾아 ○표 하세요.

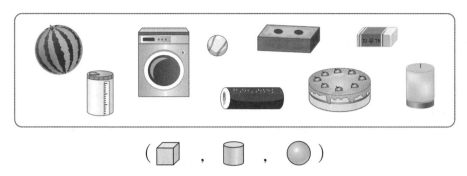

(📦 , 🥫 , ⚪)

⚡ 추론

12 주어진 모양을 모두 사용하여 만든 모양을 찾아 이어 보세요.

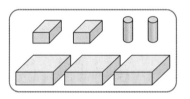 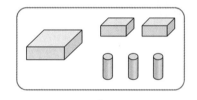

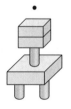 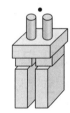 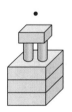

🌈 실생활 연결

13 오른쪽은 지수가 미래의 자동차 모양을 상상하여 만든 것입니다. 가장 많이 사용한 모양에 ○표 하세요.

(📦 , 🥫 , ⚪)

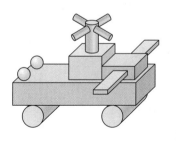

3 단계 심화 유형 연습

심화 1

같은 모양끼리 모으기

각각 가지고 있는 모양을 찾고 공통된 모양을 구해!

◆  모양 중에서 강해와 찬영이가 모두 가지고 있는 모양을 알아보세요.

강해	찬영

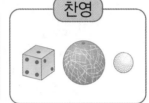

문제해결

1 강해가 가지고 있는 물건의 모양에 모두 ○표 하세요.

 ()

2 찬영이가 가지고 있는 물건의 모양에 모두 ○표 하세요.

()

3 강해와 찬영이가 모두 가지고 있는 모양에 ○표 하세요.

()

🎚 쌍둥이

1-1 모양 중에서 은서와 지수가 모두 가지고 있는 모양에 ○표 하세요.

은서	지수

답 ()

💡 변형

1-2 모양 중에서 유진이와 승호가 모두 가지고 있는 모양이 <u>아닌</u> 것에 ×표 하세요.

유진
승호

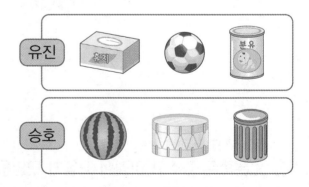

답 ()

심화 2

사용한 모양의 개수 구하기

보이는 모양의 특징을 알면 전체 모양을 알 수 있어!

◆ 모양을 만드는 데 오른쪽과 같은 모양을 모두 몇 개 사용했는지 쓰세요.

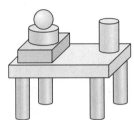

문제해결

1 오른쪽 모양은 어떤 모양인지 찾아 ○표 하세요.

2 모양을 만드는 데 위 **1** 에서 찾은 모양을 모두 몇 개 사용했는지 쓰세요.

(   )

쌍둥이

2-1 모양을 만드는 데 오른쪽과 같은 모양을 모두 몇 개 사용했는지 쓰세요.

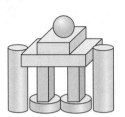

답 _____

변형

2-2 두 모양을 만드는 데 오른쪽과 같은 모양을 모두 몇 개 사용했는지 쓰세요.

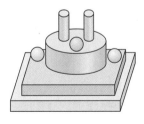 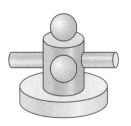

답 _____

2

여러 가지 모양

45

심화 3

평평한 부분이 있는 물건 찾기

먼저 모양 중에서 평평한 부분이 있는 모양을 찾자!

◆ 평평한 부분이 있는 물건은 모두 몇 개인가요?

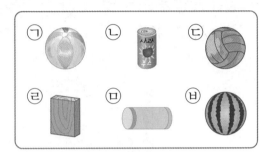

문제해결

1 , , ● 모양 중에서 평평한 부분이 있는 모양에 모두 ○표 하세요.

2 위 그림에서 평평한 부분이 있는 물건을 모두 찾아 기호를 쓰세요.

( )

3 위 **2**에서 찾은 평평한 부분이 있는 물건은 모두 몇 개인가요?

( )

🏅 쌍둥이

3-1 평평한 부분이 있는 물건은 모두 몇 개인가요?

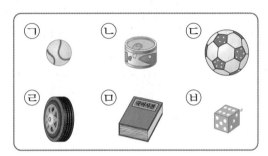

답 _____

💡 변형

3-2 예지와 민재가 모은 물건입니다. 평평한 부분이 있는 물건을 더 많이 모은 사람은 누구인가요?

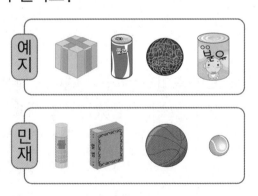

답 _____

심화 4

어떤 모양을 몇 개 더 사용했는지 구하기

사용한 개수가 다른 모양끼리 수를 비교하자!

◆ 모양 중에서 소희가 승주보다 어떤 모양을 몇 개 더 많이 사용했는지 구하세요.

소희   승주

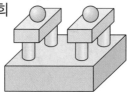 

문제해결

1 소희가 사용한 각 모양의 개수를 쓰세요.

⬜ 모양 (   )

🔲 모양 (   )

⚪ 모양 (   )

2 승주가 사용한 각 모양의 개수를 쓰세요.

⬜ 모양 (   )

🔲 모양 (   )

⚪ 모양 (   )

3 소희가 승주보다 더 많이 사용한 모양에 ○표 하고, 몇 개 더 많이 사용했는지 구하세요.

(⬜ , 🔲 , ⚪), (   )

쌍둥이

4-1 모양 중에서 은채가 지호보다 더 많이 사용한 모양에 ○표 하고, 몇 개 더 많이 사용했는지 구하세요.

은채   지호

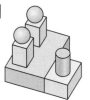

답 (⬜ , 🔲 , ⚪), _____

변형

4-2 ▶동영상   ⬜, 🔲, ⚪ 모양 중에서 민주가 세희보다 더 적게 사용한 모양에 ○표 하고, 몇 개 더 적게 사용했는지 구하세요.

세희   민주

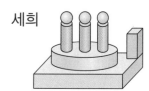 

답 (⬜ , 🔲 , ⚪), _____

2

여러 가지 모양

47

심화 5

조건에 맞는 모양의 개수 구하기

둥근 부분이 있으면 굴릴 수 있고 평평한 부분이 있으면 쌓을 수 있어!

◆ 가와 나 두 모양을 만드는 데 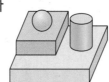 모양 중에서 잘 굴러가지 않는 모양을 모두 몇 개 사용했는지 구하세요.

가   나

문제해결

1 , , ● 모양 중에서 잘 굴러가지 않는 모양을 찾아 ○표 하세요.

()

2 가와 나 모양에서 위 **1**에서 찾은 모양을 각각 몇 개 사용했는지 쓰세요.

가 (   )

나 (   )

3 두 모양을 만드는 데 잘 굴러가지 않는 모양을 모두 몇 개 사용했는지 구하세요.

(   )

⚖ 쌍둥이

5-1 가와 나 두 모양을 만드는 데 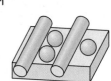 모양 중에서 쌓을 수 없는 모양을 모두 몇 개 사용했는지 구하세요.

가   나

답 _____

💡 변형

5-2 가와 나 두 모양을 만드는 데 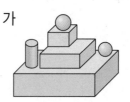 모양 중에서 쌓을 수 있는 모양을 모두 몇 개 사용했는지 구하세요.

▶ 동영상

가   나

답 _____

심화 6 만들기 전에 있던 모양의 개수 구하기

▲개 남았으면 ▲만큼 더 큰 수를, ▲개 부족하면 ▲만큼 더 작은 수를 구해!

◆ 다음 모양을 만들었더니 ⬛ 모양이 1개 남았습니다. 만들기 전에 있던 ⬛, ⬛, ⬤ 모양은 각각 몇 개인지 쓰세요.

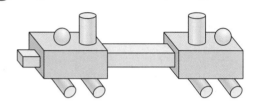

문제해결

1 모양을 만드는 데 사용한 ⬛, ⬛, ⬤ 모양은 각각 몇 개인지 쓰세요.

　⬛ 모양 (　　　　　　　)

　⬛ 모양 (　　　　　　　)

　⬤ 모양 (　　　　　　　)

2 모양을 만들기 전에 있던 ⬛, ⬛, ⬤ 모양은 각각 몇 개인지 쓰세요.

　⬛ 모양 (　　　　　　　)

　⬛ 모양 (　　　　　　　)

　⬤ 모양 (　　　　　　　)

⚖ 쌍둥이

6-1 다음 모양을 만들었더니 ⬛ 모양이 2개 남았습니다. 만들기 전에 있던 ⬛, ⬛, ⬤ 모양의 개수를 차례로 쓰세요.

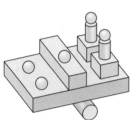

답 _____ , _____ , _____

💡 변형

6-2 혜주가 두 모양을 만들려고 했더니 ⬤ 모양이 2개 부족했습니다. 혜주가 가지고 있는 ⬛, ⬛, ⬤ 모양의 개수를 차례로 쓰세요.

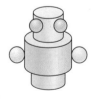 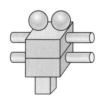

답 _____ , _____ , _____

2

여러 가지 모양

1 도윤이네 어머니가 할인 매장에서 사 오신 물건들입니다. 물건들 중 도윤이가 설명하는 모양의 물건은 모두 몇 개인가요?

도윤 😀 평평한 부분도 있고 둥근 부분도 있는 모양이야.

(   )

2 가와 나 모양을 모두 만드는 데 필요한 ⬛, 🔵, ⚪ 모양은 각각 몇 개인가요?

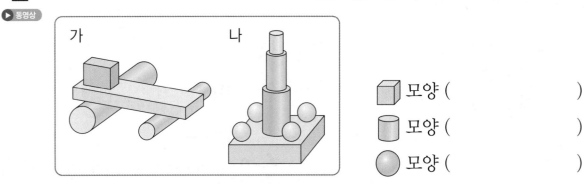

⬛ 모양 (   )

🔵 모양 (   )

⚪ 모양 (   )

🔵🔵 실생활 연결

3 재호가 방에 있는 물건을 보고 만든 모양입니다. ⬛ 모양 4개, 🔵 모양 4개, ⚪ 모양 3개로 만든 물건을 찾아 이름을 쓰세요.

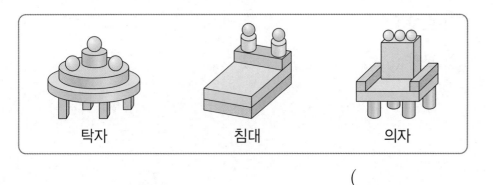

탁자   침대   의자

(   )

4 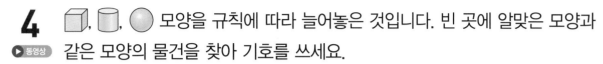 , , 모양을 규칙에 따라 늘어놓은 것입니다. 빈 곳에 알맞은 모양과
▶동영상 같은 모양의 물건을 찾아 기호를 쓰세요.

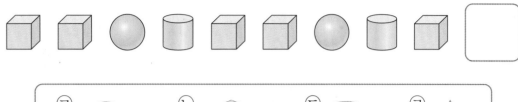

( )

5 모양을 보고 <u>잘못</u> 설명한 사람은 누구인가요?
▶동영상

가   나

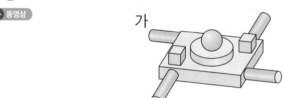   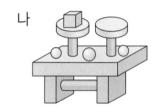

지윤: 가와 나에서 모양의 개수는 같아.

민호: 모양은 나보다 가에 더 많아.

서아: 모양은 나보다 가에 더 적어.

( )

6 오른쪽 모양을 만들었더니 모양은 2개, 모양
▶동영상 은 1개가 남았습니다. 만들기 전에 있던 , ,
모양 중 가장 많은 모양은 몇 개인지 구하세요.

( )

2

여러 가지 모양

BOOK❷ 8~11쪽에서 경시대회 문제 도전!

1 모양이 같은 것끼리 이어 보세요.

[2~3] 그림을 보고 물음에 답하세요.

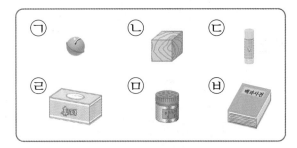

2 ㉢은 어떤 모양인지 ○표 하세요.

3 모양을 모두 찾아 기호를 쓰세요.

( )

4 왼쪽 물건들은 어떤 모양끼리 모은 것인지 ○표 하세요.

5 모양이 다른 하나는 어느 것인가요?

.... ( )

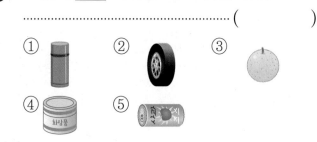

6 모양을 만드는 데 모양을 각각 몇 개 사용했는지 쓰세요.

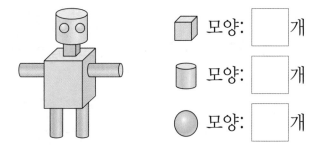

□ 모양: [ ] 개

□ 모양: [ ] 개

○ 모양: [ ] 개

7 여러 방향으로 잘 굴러가는 물건을 찾아 기호를 쓰세요.

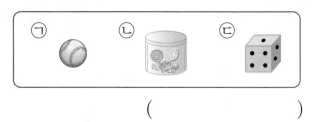

( )

8 오른쪽과 모양이 같은 물건은 모두 몇 개인가요?

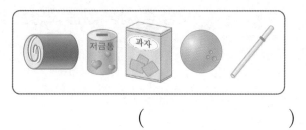

( )

9 두 모양에서 서로 다른 부분을 모두 찾아 ○표 하세요.

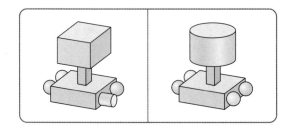

10 왼쪽 모양을 모두 사용하여 만들 수 있는 모양을 찾아 이어 보세요.

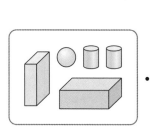

서술형

11 오른쪽 모양을 보고 잘못 설명한 사람은 누구인지 이름을 쓰고, 그 까닭을 쓰세요.

> 지현: 둥근 부분도 있고 평평한 부분도 있습니다.
> 유민: 눕혀서 굴리면 잘 굴러갑니다.
> 선우: 어느 쪽으로도 쌓을 수 없습니다.

답 _____

까닭 _____

_____

12 가와 나 모양을 만드는 데 모두 사용한 모양을 찾아 ○표 하세요.

가   나

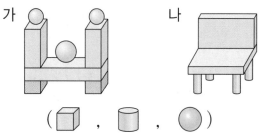

(, ,)

서술형

13 모양을 규칙에 따라 늘어놓은 것입니다. 가에 들어갈 모양과 같은 모양의 물건을 찾아 기호를 쓰려고 합니다. 풀이 과정을 쓰고 답을 구하세요.

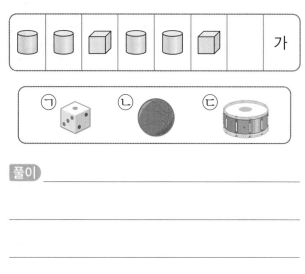

풀이 _____

_____

_____

답 _____

14 오른쪽 모양을 만들었더니 ⬤ 모양이 1개 남았습니다. 만들기 전에 있던 ▨, ▨, ⬤ 모양의 개수를 차례로 쓰세요.

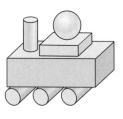

(, ,)

2

여러 가지 모양

53

3

덧셈과
뺄셈

큐알 코드를 찍으면 개념 학습 영상과 문제 풀이 영상도 보고, 수학 게임도 할 수 있어요.

이전에 배운 내용 ____ 1-1

❖ 9까지의 수
- 9까지의 수
- 9까지의 수의 순서
- 1만큼 더 큰 수, 1만큼 더 작은 수
- 0 알아보기 / 수의 크기 비교

이번에 배울 내용 ____ 1-1

❖ 덧셈과 뺄셈
- 모으기와 가르기 (1), (2)
- 덧셈 알아보기 / 덧셈하기
- 뺄셈 알아보기 / 뺄셈하기
- 0이 있는 덧셈과 뺄셈
- 덧셈과 뺄셈하기

이후에 배울 내용 ____ 1-1

❖ 50까지의 수
- 50까지의 수
- 50까지의 수의 순서
- 수의 크기 비교

개념 1　모으기와 가르기 (1)

예 6을 모으기와 가르기

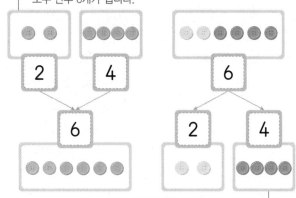

→ 단추 2개와 단추 4개를 모으기하면 모두 단추 6개가 됩니다.

단추 6개를 단추 2개와 단추 4개로 가르기합니다.

개념 2　모으기와 가르기 (2)

예 7을 모으기와 가르기

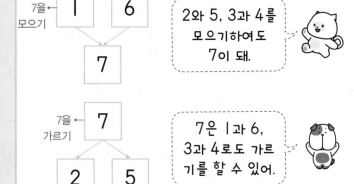

7을 모으기

2와 5, 3과 4를 모으기하여도 7이 돼.

7을 가르기

7은 1과 6, 3과 4로도 가르기를 할 수 있어.

개념 3　덧셈 알아보기

1. 그림을 보고 덧셈 이야기 만들기

예

꽃밭에 튤립 3송이, 해바라기 1송이가 있으므로 꽃은 모두 4송이입니다.

2. 덧셈 알아보기

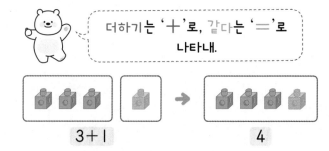

더하기는 '＋'로, 같다는 '＝'로 나타내.

3＋1　　　　4

(덧셈식) 3＋1＝4

(읽기) 3 더하기 1은 4와 같습니다.
3과 1의 합은 4입니다.

개념 4　덧셈하기

예 4＋3의 계산

(1) 모으기로 알아보기

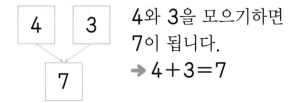

4와 3을 모으기하면 7이 됩니다.
→ 4＋3＝7

(2) 그림으로 알아보기

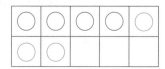

○를 4개 그린 후 이어서 3개 더 그리면 모두 7개입니다.
→ 4＋3＝7

(3) 컵의 수를 구하는 덧셈식 비교하기

4＋3＝7　　　3＋4＝7

→ 두 수의 **순서를 바꾸어** 더해도 합은 같습니다.

1단계 기본 유형 연습

1 모으기와 가르기 (1)

1 빈 곳에 알맞은 수를 써넣으세요.

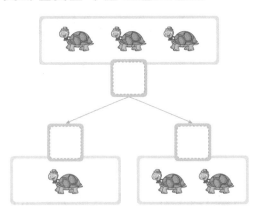

[2~3] 모으기와 가르기를 하여 빈칸에 알맞은 수를 써넣으세요.

2

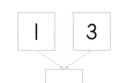

3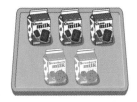

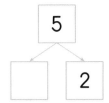

4 빈 곳에 알맞은 수만큼 ○를 그려 보세요.

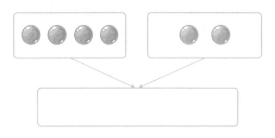

5 4를 가르기하려고 합니다. ○를 알맞게 색칠하고 빈 곳에 알맞은 수를 써넣으세요.

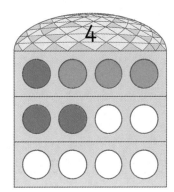 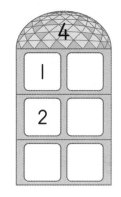

3

덧셈과 뺄셈

57

🔋 추론

6 밤 8개를 두 바구니에 똑같이 나누어 담으려고 합니다. 파란 바구니와 노란 바구니 안에 담는 밤의 수만큼 ○를 각각 그려 넣고 8을 가르기해 보세요.

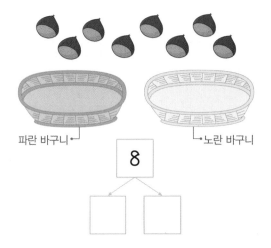

2 모으기와 가르기 ②

7 모으기와 가르기를 하여 빈칸에 알맞은 수를 써넣으세요.

(1)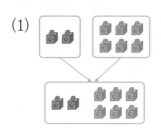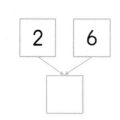

(2)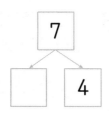

8 8을 잘못 가르기한 것에 ○표 하세요.

```
   8              8
 3   5          1   6
(        )     (        )
```

9 모으기를 하여 7이 되도록 두 수를 이어 보세요.

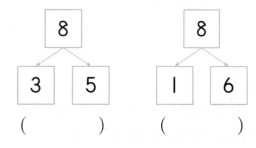

10 ☐ 안에 알맞은 수를 써넣으세요.

(1) 4는 ☐ 와/과 1로 가르기를 할 수 있습니다.

(2) ☐ 와/과 7을 모으기하면 8입니다.

11 9를 여러 가지 방법으로 가르기해 보세요.

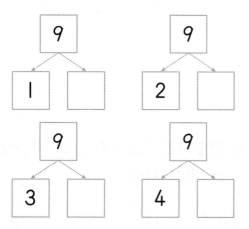

12 두 수를 모으기한 수가 다른 하나를 찾아 기호를 쓰세요.

(1) ㉠ 1과 5 ㉡ 2와 6 ㉢ 3과 3

( )

(2) ㉠ 4와 3 ㉡ 5와 2 ㉢ 1과 7

( )

3 덧셈 알아보기

13 양쪽의 점의 수를 세어 덧셈식을 쓰세요.

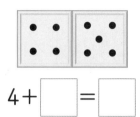

$4+\boxed{}=\boxed{}$

14 그림을 보고 덧셈식으로 바르게 나타낸 것을 찾아 기호를 쓰세요.

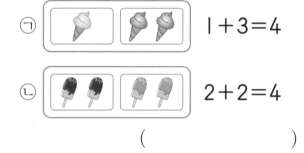

㉠ $1+3=4$

㉡ $2+2=4$

(   )

15 그림을 보고 □ 안에 알맞은 수를 써넣으세요.

토끼 4마리가 있었는데 $\boxed{}$ 마리가 더 와서 모두 $\boxed{}$ 마리가 되었습니다.

16 다음을 덧셈식으로 나타내 보세요.

7 더하기 1은 8과 같습니다.

덧셈식 _____

[17~18] 그림을 보고 물음에 답하세요.

가지 ←   → 고추

17 □ 안에 알맞은 수를 써넣으세요.

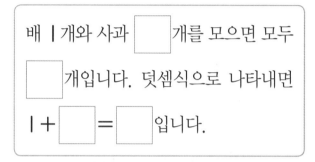

배 1개와 사과 $\boxed{}$ 개를 모으면 모두 $\boxed{}$ 개입니다. 덧셈식으로 나타내면 $1+\boxed{}=\boxed{}$ 입니다.

 문제 해결

18 가지와 고추 수의 합을 구하는 덧셈식을 찾아 기호를 쓰세요.

| ㉠ $1+3=4$ | ㉡ $2+5=7$ |
| ㉢ $3+5=8$ | ㉣ $3+4=7$ |

(   )

19 알맞은 것끼리 이어 보세요.

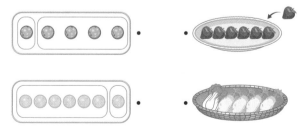

3

덧셈과 뺄셈

59

20 나타내는 덧셈식이 나머지와 <u>다른</u> 하나를 찾아 기호를 쓰세요.

> ㉠ 3과 3의 합은 6입니다.
> ㉡ 3+3=6
> ㉢ 3 더하기 6은 9와 같습니다.

(   )

21 그림을 보고 덧셈 이야기를 만들어 보세요.

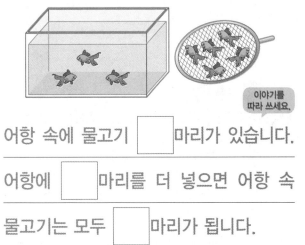

이야기를 따라 쓰세요.

어항 속에 물고기 [ ] 마리가 있습니다.

어항에 [ ] 마리를 더 넣으면 어항 속

물고기는 모두 [ ] 마리가 됩니다.

22 그림에 알맞은 덧셈식을 쓰고 읽어 보세요.

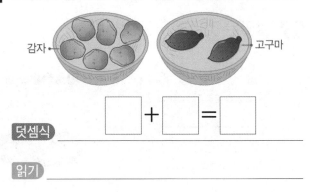

감자   고구마

덧셈식   [ ] + [ ] = [ ]

읽기 _____

---

4   덧셈하기

23 덧셈식에 맞게 ○를 이어 그리고 덧셈을 하세요.

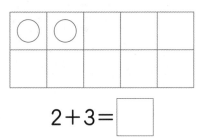

2+3= [ ]

24 모으기를 이용하여 덧셈을 하세요.

(1)
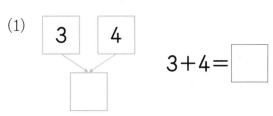

3+4= [ ]

(2)
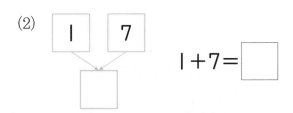

1+7= [ ]

25 바둑돌은 모두 몇 개인지 덧셈을 하세요.

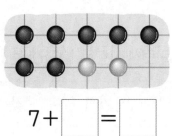

7+ [ ] = [ ]

26 그림을 보고 □ 안에 알맞은 수를 써넣으세요.

$5+4=$ □

$4+$ □ $=$ □

27 ○를 그려 덧셈을 하세요.

$5+1=$ □

추론

28 덧셈식에 맞는 그림을 찾아 ○표 하고 덧셈을 하세요.

(   ) (   )

$2+1=$ □

29 □ 안에 알맞은 수를 써넣으세요.

⑴ $2+5=5+$ □

⑵ $3+$ □ $=6+3$

30 오리가 2마리, 닭이 7마리 있습니다. 오리와 닭은 모두 몇 마리인지 구하세요.

덧셈식

꼭 단위까지 따라 쓰세요.

답 _____ 마리

31 쟁반에 사과가 2개 있습니다. 쟁반에 사과를 3개 더 그리고, 쟁반에 있는 사과는 모두 몇 개인지 덧셈식을 쓰고 답을 구하세요.

덧셈식 _____

답 _____ 개

3

덧셈과 뺄셈

활용 1 모으기와 가르기를 이용하기

이웃한 두 수를 모으기하거나 가르기합니다.

1-1 모으기를 하여 7이 되는 두 수를 ○로 묶어 보세요.

6	3	4
2	5	3

1-2 모으기를 하여 9가 되는 두 수를 ○로 묶어 보세요.

1	6	3
8	3	7
5	4	2

1-3 보기 와 같이 위의 수를 아래의 두 수로 가르기해 보세요.

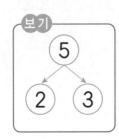
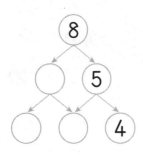

보기

활용 2 덧셈식의 활용

모두 ~ 인가요?
더 많습니다. → 덧셈식을 만들어 구합니다.
더합니다.

2-1 운동장에 남학생 3명과 여학생 4명이 한 줄로 서 있습니다. 남학생과 여학생은 모두 몇 명인가요?

(   )

2-2 닭 5마리와 오리 4마리가 있습니다. 닭과 오리는 모두 몇 마리인가요?

(   )

2-3 감자는 2개이고 고구마는 감자보다 6개 더 많습니다. 고구마는 몇 개인가요?

(   )

1 빈 곳에 알맞은 수만큼 ○를 그려 보세요.

7

조개를 모아서 7개가 되도록 ○를 그려요.

2 빈칸에 알맞은 수를 써넣으세요.

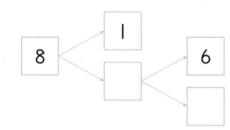

왼쪽에서부터 가르기를 해요.

3 계산 결과가 같은 두 덧셈식에 ○표 하세요.

| 1+7 | 2+5 | 4+2 | 7+1 |

(   ) (   ) (   ) (   )

4 시후가 어떤 수를 두 수로 가르기한 것입니다. 어떤 수를 구하세요.

2와 4, 3과 3, 5와 1로 가르기를 할 수 있어.

시후

(   )

두 수로 가르기한 수를 거꾸로 모으기를 해요.

3

덧셈과 뺄셈

63

서술형

5 닭과 병아리를 보고 덧셈 이야기를 완성해 보세요.

닭은 |마리, 병아리는 2마리 있습니다.

_____

_____

그림을 보고 덧셈 이야기를 완성해요.

문제 해결

6 공책 6권을 수민이와 지우가 똑같이 나누어 가지려고 합니다. 한 사람이 몇 권씩 가져야 하는지 구하세요.

(   )

6을 똑같은 두 수로 가르기를 해요.

7 지수, 채원, 혜리가 주사위를 한 번씩 던졌습니다. 세 사람이 던져서 나온 눈의 수의 합이 9일 때 혜리가 던져서 나온 눈의 수를 구하세요.

지수   채원   혜리

(   )

먼저 지수와 채원이가 각각 던져서 나온 눈의 수를 모으기해요.

문제 해결

8 그림을 보고 덧셈식을 만들어 보세요.

$$\square + \square = \square \qquad \square + \square = \square$$

9 그림에서 모양과 모양은 모두 몇 개인지 덧셈식을 쓰세요.

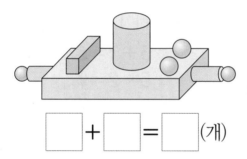

$$\square + \square = \square \text{(개)}$$

10 공 4개를 두 상자에 나누어 담으려고 합니다. 한 상자에 공을 1개 담았다면 다른 상자에 담아야 하는 공은 몇 개인지 구하세요.

( )

11 창섭이는 사탕을 2개 가지고 있고 명호는 창섭이보다 1개 더 많이 가지고 있습니다. 두 사람이 가지고 있는 사탕은 모두 몇 개인가요?

( )

S 솔루션

모자를 쓴 어린이와 쓰지 않은 어린이, 안경을 쓴 어린이와 쓰지 않은 어린이 등과 같이 여러 가지로 생각하여 덧셈식을 만들어 봐요.

같은 모양에 ∨, ○와 같은 표시를 하면서 빠뜨리거나 중복되지 않게 세어 봐요.

먼저 명호가 가진 사탕 수를 구해요.

3

덧셈과 뺄셈

3
덧셈과 뺄셈

66

개념 5 뺄셈 알아보기

1. 그림을 보고 뺄셈 이야기 만들기

예

연못에 개구리가 7마리 있었는데 4마리가 연못 밖으로 나가서 3마리 남았습니다.

2. 뺄셈 알아보기

 →

7−4   3

뺄셈식> $7-4=3$

> 빼기는 '−'로 나타내.

읽기> 7 빼기 4는 3과 **같습니다.**
7과 4의 **차**는 3**입니다.**

개념 6 뺄셈하기

예 $8-5$의 계산

(1) 가르기로 알아보기

```
    8
   / \
  5   3
```

8은 5와 3으로 가르기를 할 수 있습니다.
→ $8-5=3$

(2) 그림으로 알아보기

○를 8개 그린 후 /으로 5개 지웁니다.
→ $8-5=3$

개념 7 0이 있는 덧셈과 뺄셈

(1) 0+(어떤 수)=(어떤 수)
예 $0+2=2$

(2) (어떤 수)+0=(어떤 수)
예 $2+0=2$

(3) (어떤 수)−0=(어떤 수)
예 $2-0=2$

(4) (어떤 수)−(어떤 수)=0
예 $2-2=0$

개념 8 덧셈과 뺄셈하기

1. 덧셈하기

예 $5+1=6$
$5+2=7$
$5+3=8$
$5+4=9$

→ 더하는 수가 **1**씩 커지면 합도 **1**씩 커집니다.

2. 뺄셈하기

예 $4-1=3$
$4-2=2$
$4-3=1$
$4-4=0$

→ 빼는 수가 **1**씩 커지면 차는 **1**씩 작아집니다.

3. 계산 결과가 같은 덧셈식과 뺄셈식

합이 4인 덧셈식	차가 4인 뺄셈식
$1+3=4$	$5-1=4$
$2+2=4$	$6-2=4$
$3+1=4$	$7-3=4$

1씩 커짐 ←   └ 1씩 작아짐   1씩 커짐 ←   └ 1씩 커짐

5 빽셈 알아보기

1 지호가 말한 것을 뺄셈식으로 쓰세요.

> 초콜릿 8개 중 3개를 친구에게 주었더니 5개가 남았어.

지호

빽셈식 $8 - \boxed{} = \boxed{}$

 의사소통

2 그림을 보고 뺄셈 이야기를 완성해 보세요.

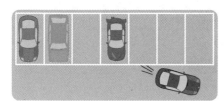

이야기를 따라 쓰세요.

주차장에 남은 자동차는 나간 자동차보다 $\boxed{}$ 대 더 많습니다.

3 그림을 보고 뺄셈식을 쓰세요.

빽셈식

4 그림을 보고 뺄셈식을 쓰고 읽어 보세요.

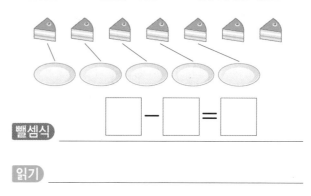

빽셈식 $\boxed{} - \boxed{} = \boxed{}$

읽기 _____

5 그림을 보고 ☐ 안에 알맞은 수를 써넣고 알맞은 말에 ◯표 하세요.

축구공 **7**개, 농구공 $\boxed{}$ 개이므로

축구공은 농구공보다 $\boxed{}$ 개 더

(많습니다 , 적습니다).

6 알맞은 것끼리 이어 보세요.

| $4-2=2$ | $6-2=4$ | $6-4=2$ |

3

덧셈과 뺄셈

67

6 뺄셈하기

7 가르기를 이용하여 뺄셈을 하세요.

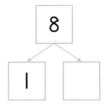

$8 - 1 = \boxed{}$

8 그림에 알맞은 뺄셈식을 찾아 기호를 쓰세요.

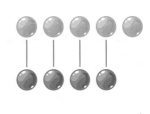

㉠ $7 - 5 = 2$
㉡ $4 - 1 = 3$
㉢ $5 - 4 = 1$

(   )

9 뺄셈식에 알맞게 ○를 /으로 지우고 뺄셈을 하세요.

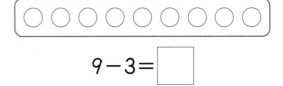

$9 - 3 = \boxed{}$

10 그림을 보고 뺄셈식을 쓰세요.

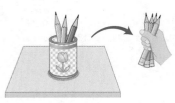

$7 - 4 = \boxed{}$

11 식에 알맞게 그림을 그리고 뺄셈을 하세요.

$8 - 6 = \boxed{}$

12 동전 4개 중 1개는 그림 면입니다. 숫자 면이 보이는 동전은 몇 개인지 빈칸에 알맞은 수를 써넣고 뺄셈식을 만들어 보세요.

뺄셈식 _____

13 꽃 6송이 중에서 3송이가 시들었습니다. 남은 꽃은 몇 송이인지 구하세요.

뺄셈식 _____ 꼭 단위까지 따라 쓰세요.

답 _____ 송이

14 계산 결과가 더 작은 것의 기호를 쓰세요.

㉠ $8 - 2$ ㉡ $9 - 5$

(   )

7 0이 있는 덧셈과 뺄셈

15 그림을 보고 덧셈식을 쓰세요.

$$4+\boxed{}=\boxed{}$$

16 계산해 보세요.

(1) $0+7=\boxed{}$　　(2) $3-0=\boxed{}$

(3) $8+0=\boxed{}$　　(4) $6-6=\boxed{}$

17 바르게 계산한 어린이는 누구인가요?

> · 수민: $7-0=0$
> · 민재: $0+1=1$

(　　　　　　)

18 그림을 보고 뺄셈식을 쓰세요.

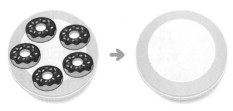

뺄셈식 _____

19 ○ 안에 ＋, －를 알맞게 써넣으세요.

(1) $0\bigcirc6=6$

(2) $8\bigcirc8=0$

추론

20 연못에 개구리가 한 마리도 없었는데 3마리가 들어왔습니다. 연못에 있는 개구리는 모두 몇 마리인지 덧셈식을 쓰세요.

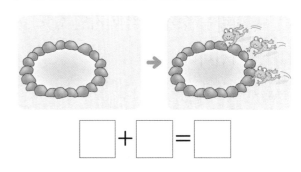

$$\boxed{}+\boxed{}=\boxed{}$$

21 그림에 알맞은 식을 쓰고 그림과 식을 이어 보세요.

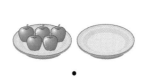　　

·　　　　　　·

·　　　　　　·

$3-\boxed{}=\boxed{}$　　$5+\boxed{}=\boxed{}$

문제 해결

22 접시에 초콜릿이 9개 있었습니다. 그중에서 9개를 먹었다면 접시에 남은 초콜릿은 몇 개인가요? 꼭 단위까지 따라 쓰세요.

(　　　　개　　)

3

덧셈과 뺄셈

69

덧셈과 뺄셈
3
70

8 덧셈과 뺄셈하기

23 □ 안에 알맞은 수를 써넣으세요.

$$4+2=\boxed{}$$

$$4+3=\boxed{}$$

$$4+4=\boxed{}$$

$$4+5=\boxed{}$$

➡ 더하는 수가 1씩 커지면 합도 $\boxed{}$씩 커집니다.

24 뺄셈을 하고 □ 안에 알맞은 수를 써넣으세요.

$$6-1=\boxed{} \qquad 6-2=\boxed{}$$

$$6-3=\boxed{} \qquad 6-4=\boxed{}$$

$$6-5=\boxed{} \qquad 6-6=\boxed{}$$

빼는 수가 1씩 커지면 차는 $\boxed{}$씩 작아집니다.

25 합이 6이 <u>아닌</u> 식을 찾아 기호를 쓰세요.

| ㉠ 1+5 | ㉡ 3+4 |
| ㉢ 2+4 | ㉣ 6+0 |

(   )

26 차가 3인 식을 찾아 모두 색칠해 보세요.

5-4	7-2	9-6
8-3	4-1	3-3

27 차가 같은 뺄셈식을 쓰려고 합니다. □ 안에 알맞은 수를 써넣으세요.

$$9-4=\boxed{} \qquad 8-3=\boxed{}$$

$$7-2=\boxed{} \qquad 6-\boxed{}=\boxed{}$$

28 합과 차가 같은 것끼리 이어 보세요.

· $\boxed{1+3}$

$\boxed{4+1}$ ·

· $\boxed{5-0}$

$\boxed{8-4}$ ·

· $\boxed{7-1}$

문제 해결

29 지유는 합이 8이 되는 식을 만들었습니다. □ 안에 알맞은 수를 구하세요.

지유

내가 만든 덧셈식은
$5+\boxed{}=8$이야.

(   )

활용 3 주어진 수를 이용하여 식 만들기

세 수의 크기를 비교하여 덧셈식과 뺄셈식을 만들어 봅니다.
- 덧셈식 (나머지 두 수의 합)＝(가장 큰 수)
- 뺄셈식 (가장 큰 수)－(나머지 한 수)
  ＝(나머지 다른 수)

3-1 세 수로 뺄셈식을 2개 만들어 보세요.

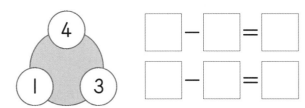

□－□＝□

□－□＝□

3-2 세 수로 뺄셈식을 2개 만들어 보세요.

| 3 | 5 | 8 |

□－□＝□

□－□＝□

3-3 3장의 수 카드를 한 번씩 모두 사용하여 덧셈식과 뺄셈식을 각각 만들어 보세요.

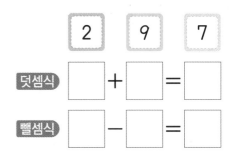

덧셈식 □＋□＝□

뺄셈식 □－□＝□

활용 4 뺄셈식의 활용

남은 것은 ~ 인가요?
더 적습니다. → 뺄셈식을 만들어 구합니다.
뺍니다.

4-1 풍선 5개 중에서 4개가 터졌습니다. 남은 풍선은 몇 개인가요?

( )

4-2 놀이터에 어린이 8명이 있습니다. 그중에서 3명이 집에 갔다면 놀이터에 남은 어린이는 몇 명인가요?

( )

4-3 엄마 펭귄 9마리가 있고 아기 펭귄은 엄마 펭귄보다 6마리 더 적습니다. 아기 펭귄은 몇 마리인가요?

▲ 펭귄

( )

3

덧셈과 뺄셈

1 숟가락은 포크보다 몇 개 더 많은지 뺄셈식으로 쓰세요.

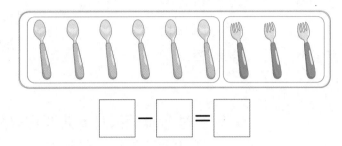

$$\boxed{} - \boxed{} = \boxed{}$$

2 4−4=0에 알맞은 그림을 찾아 기호를 쓰세요.

㉠  ㉡

( )

3 뺄셈을 하고 뺄셈식을 읽어 보세요.

3−1=$\boxed{}$ ➡ **읽기** _____

4 두 수의 합과 차를 각각 구하세요.

| 5 3 |

합 ( ), 차 ( )

5 그림에 알맞은 뺄셈식을 찾아 이어 보고 뺄셈을 하세요.

·

· $4-1=\boxed{}$

·

· $5-1=\boxed{}$

6 그림을 보고 만들 수 있는 식을 모두 찾아 기호를 쓰세요.

⊙ $3+3=6$
ⓒ $3+6=9$
ⓒ $6-3=3$

( )

7 오른쪽 그림을 보고 두 연필꽂이에 꽂혀 있는 연필은 모두 몇 자루인지 구하는 덧셈식을 쓰세요.

덧셈식

먼저 연필꽂이에 꽂혀 있는 연필 수를 각각 세어 봐요.

문제 해결

8 바둑돌 7개 중에서 2개는 검은 바둑돌입니다. 흰 바둑돌은 몇 개인지 구하세요.

식

답

가르기를 이용해서 뺄셈을 해 봐요.

9 계산 결과가 나머지와 <u>다른</u> 식에 ×표 하세요.

1 + 0	0 − 0	3 − 3
( )	( )	( )

 의사소통

10 그림에 알맞은 식을 쓰고 뺄셈 이야기를 만들어 보세요.

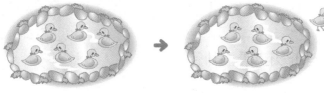

뺄셈식 $6 - 1 =$ ☐

이야기 _____

_____

11 ☐ 안에 ＋, － 중 알맞은 기호가 <u>다른</u> 것에 ○표 하세요.

1 ☐ 5 = 6	8 ☐ 8 = 0	4 ☐ 3 = 7
( )	( )	( )

12 보기와 같이 계산이 맞도록 필요 <u>없는</u> 수에 ×표 하세요.

보기
$5 \cancel{1} - 2 = 3$

$9 - 3 - 4 = 5$

 0 − 0은 아무것도 없는 것에서 아무것도 없는 것을 빼는 것이에요.

☐ 안에 ＋와 －를 넣어 계산해 보고 알맞은 것을 찾아 봐요.

 빼는 수를 하나씩 ×표 하면서 계산해 봐요.

⚡ 추론

13 그림을 보고 □ 안에 알맞은 수를 써넣으세요.

(1)
상자 속에 사탕이
2개 있습니다.

5+ □ = □

(2)
달걀 Ⅰ개가
깨졌습니다.

4 − □ = □

14 다음을 만족하는 어떤 수를 구하세요.

9에서 어떤 수를 뺐더니 5가 되었습니다.

(   )

⦿ 실생활 연결

15* 캣 트리에 고양이 Ⅰ마리가 있습니다. 고양이 2마리가 더 올라간 후 다시 Ⅰ마리가 더 올라갔습니다. 지금 캣 트리에 있는 고양이는 모두 몇 마리인가요?

(   )

16 4장의 수 카드 중에서 가장 큰 수와 가장 작은 수의 차를 구하세요.

| 9 | 3 | 7 | 2 |

(   )

S 솔루션

어떤 수를 □로 놓고 먼저 식을 만들어 봐요.

3

덧셈과 뺄셈

75

＊캣 트리(cat tree): 고양이들이 쉬거나 놀 수 있게 만들어 놓은 것.

먼저 수 카드의 수를 큰 수부터 순서대로 써 봐요.

심화 1

수 카드로 덧셈식(뺄셈식) 만들기

기준이 되는 수를 정하고 다른 한 수를 찾자!

◆ 6장의 수 카드 중에서 2장을 뽑아 합이 5가 되는 덧셈식을 만들려고 합니다. 만들 수 있는 덧셈식은 모두 몇 가지인지 구하세요.

| 0 | 1 | 2 | 4 | 5 | 6 |

문제해결

1 합이 5가 되는 두 수를 모두 찾아 보세요.

0과 더해서 5가 되는 수: ☐

1과 더해서 5가 되는 수: ☐

2 만들 수 있는 덧셈식은 모두 몇 가지인지 구하세요.

(   )

쌍둥이

1-1 6장의 수 카드 중에서 2장을 뽑아 합이 8이 되는 덧셈식을 만들려고 합니다. 만들 수 있는 덧셈식은 모두 몇 가지인지 구하세요.

| 4 | 2 | 5 | 1 | 7 | 3 |

답 _____

변형

1-2 7장의 수 카드 중에서 2장을 뽑아 차가 2가 되는 뺄셈식을 만들려고 합니다. 만들 수 있는 뺄셈식은 모두 몇 가지인지 구하세요.

| 0 | 1 | 5 | 9 | 3 | 7 | 2 |

답 _____

심화 2

모르는 수 구하기

두 수가 주어진 경우에 합(차)을 먼저 구하자!

◆ 명호와 준휘가 주사위 1개를 각각 두 번씩 던졌습니다. 명호와 준휘가 각각 던져서 나온 눈의 수의 합이 같을 때, 빈 곳에 주사위의 눈을 그려 보세요.

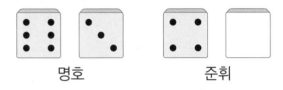

명호   준휘

문제해결

1 명호가 던져서 나온 눈의 수의 합을 구하세요.

(   )

2 빈 곳에 알맞은 주사위의 눈의 수를 구하세요.

(   )

3 빈 곳에 주사위의 눈을 그려 보세요.

🔱 **쌍둥이**

2-1 성재와 정국이가 주사위 1개를 각각 두 번씩 던졌습니다. 성재와 정국이가 각각 던져서 나온 눈의 수의 합이 같을 때, 빈 곳에 주사위의 눈을 그려 보세요.

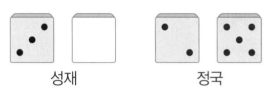

성재   정국

💡 **변형**

2-2 소희와 민규가 과녁 맞히기 놀이를 하여 각각 다음과 같이 맞혔습니다. 두 사람이 맞힌 점수의 합이 같아지려면 민규는 남은 화살 한 개를 몇 점짜리 과녁에 맞혀야 하나요?

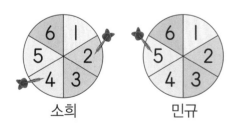

소희   민규

답 _____

심화 3

두 수로 가르기

가르기를 이용해 나누어 보자!

◆ 귤이 5개 있습니다. 혜지와 태민이가 이 귤을 모두 나누어 가지는데 각각 적어도 1개씩은 가지려고 합니다. 나누어 가지는 방법은 모두 몇 가지인지 구하세요.

문제해결 ⋯⋯⋯⋯⋯⋯⋯⋯

1 혜지와 태민이가 귤을 나누어 가지는 방법을 알아보세요.

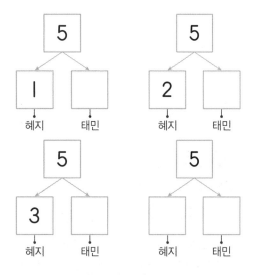

2 혜지와 태민이가 귤을 나누어 가지는 방법은 모두 몇 가지인지 구하세요.

(   )

🖳 **쌍둥이**

3-1 공책이 6권 있습니다. 지수와 현정이가 이 공책을 모두 나누어 가지는데 각각 적어도 1권씩은 가지려고 합니다. 나누어 가지는 방법은 모두 몇 가지인지 구하세요.

답 _____

💡 **변형**

3-2 꽃이 7송이 있습니다. 아현이가 언니와
▶ 동영상 이 꽃을 모두 나누어 가지는데 각각 적어도 1송이씩은 가지려고 합니다. 아현이가 언니보다 꽃을 더 많이 가지는 방법은 모두 몇 가지인지 구하세요.

답 _____

심화 4

조건을 만족하는 두 수 구하기

합을 만족하는 두 수를 먼저 찾아 보자!

◆ 합이 8, 차가 4가 되는 두 수가 있습니다. 두 수 중 더 큰 수를 구하세요.

문제해결

1 합이 8이 되는 두 수를 모두 구하세요.

(   )

2 위 1에서 구한 두 수 중 차가 4인 두 수를 구하세요.

(   )

3 위 2에서 구한 두 수 중 더 큰 수를 구하세요.

(   )

🏋 쌍둥이

4-1 합이 7, 차가 3이 되는 두 수가 있습니다. 두 수 중 더 작은 수를 구하세요.

답 _____

💡 변형

4-2 ㉠에 알맞은 수를 구하세요.

▶ 동영상

$$\cdot ㉠ + ㉡ = 9$$
$$\cdot ㉡ - ㉠ = 5$$

답 _____

3

덧셈과 뺄셈

심화 5

두 수를 똑같은 수로 만들기
두 수를 똑같은 수로 만들려면 두 수의 차를 먼저 계산해야 해!

◆ 구슬을 태형이는 8개, 정국이는 2개 가지고 있습니다. 두 사람이 가진 구슬의 수가 같아지려면 태형이는 정국이에게 구슬을 몇 개 주어야 하나요?

문제해결

1 태형이는 정국이보다 구슬을 몇 개 더 많이 가지고 있나요?

(   )

2 위 **1**에서 구한 수를 똑같은 두 수로 가르기를 해 보세요.

(   )

3 태형이는 정국이에게 구슬을 몇 개 주어야 하나요?

(   )

⚖️ 쌍둥이

5-1 색종이를 성재는 1장, 창섭이는 5장 가지고 있습니다. 두 사람이 가진 색종이의 수가 같아지려면 창섭이는 성재에게 색종이를 몇 장 주어야 하나요?

답 _____

💡 변형

5-2 감이 가 바구니에 9개, 나 바구니에 1개 들어 있습니다. 두 바구니에 들어 있는 감의 수가 같아지려면 가 바구니에서 나 바구니로 감을 몇 개 옮겨야 하나요?

▶ 동영상

답 _____

심화 6

덧셈과 뺄셈의 활용

(먹은 사탕 수)+(남은 사탕 수)=(전체 사탕 수)야!

◆ 유진이와 성현이가 사탕을 똑같이 나누어 가졌습니다. 성현이가 나누어 가진 사탕 중에서 1개를 먹었더니 3개가 남았습니다. 유진이와 성현이가 나누어 가지기 전에 있던 사탕은 몇 개인지 구하세요.

문제해결

1 성현이가 사탕 1개를 먹기 전에 가지고 있던 사탕은 몇 개인가요?

( )

2 유진이가 나누어 가진 사탕은 몇 개인가요?

( )

3 유진이와 성현이가 나누어 가지기 전에 있던 사탕은 몇 개인가요?

( )

 쌍둥이

6-1 양초를 바구니와 상자에 똑같이 나누어 담았습니다. 재인이가 바구니에 담은 양초 중에서 1개를 사용했더니 2개가 남았습니다. 바구니와 상자에 나누어 담기 전에 있던 양초는 몇 개인가요?

답 _____

변형

6-2 접시에 있던 빵을 세희가 민주보다 1개 더 많게 나누어 가졌습니다. 민주가 가지고 있는 빵 중에서 2개를 먹었더니 2개가 남았습니다. 민주와 세희가 나누어 가지기 전 접시에 있던 빵은 몇 개인가요?

 답 _____

3

덧셈과 뺄셈

81

3^{단계} 심화 ➕ 유형 완성

1 학생 6명이 2명씩 짝 지어 가위바위보를 하였습니다. 가위바위보에서 이긴 학생들의 펼친 손가락은 모두 몇 개인가요?

(   )

2 막대사탕과 알사탕이 합하여 8개 있었습니다. 현빈이가 사탕 8개 중 막대사탕 2개를 먹었더니 막대사탕과 알사탕의 수가 같아졌습니다. 알사탕 1개를 더 먹었다면 남은 알사탕은 몇 개인가요?

출처: ©Nataliia Pyzhova/shutterstock

(   )

3 영지, 유진, 미현이는 0부터 9까지의 서로 다른 수가 적힌 공 9개가 들어 있는 주머니에서 각각 공을 2개씩 꺼냈습니다. 꺼낸 공에 적힌 두 수의 차가 모두 같을 때, ㉠과 ㉡에 적힌 수를 각각 구하세요.

1 6	5 ㉠	㉡ 2
영지	유진	미현

㉠ (   ), ㉡ (   )

3

덧셈과 뺄셈

4 같은 모양은 같은 수를 나타냅니다. ▲가 나타내는 수를 구하세요.
▶동영상

$$● + ● = 8, \quad ● + ■ = 6, \quad ▲ - ■ = 7$$

(   )

문제 해결

5 보기와 같이 도미노를 이어 붙여 맞닿는 부분의 점의 수의 합이 ● 안의 수
▶동영상 가 되도록 도미노의 점을 그려 보세요. (단, 도미노를 돌려서 이어 붙여도 됩
니다.)

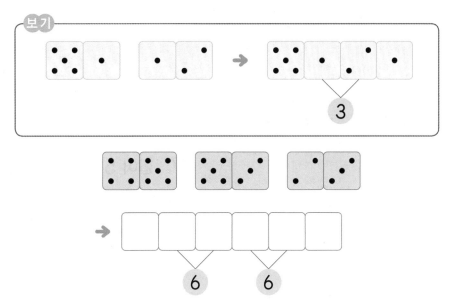

6 양파, 당근, 오이가 있습니다. 양파와 당근을 모으면 5개이고, 당근과 오이를
▶동영상 모으면 6개입니다. 양파, 당근, 오이를 모두 모으면 9개일 때 양파와 오이를
모으면 몇 개가 되나요?

(   )

BOOK❷ 12~17쪽에서 경시대회 문제 도전!

1 빈칸에 알맞은 수를 써넣으세요.

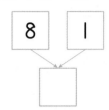

2 양쪽의 점의 수를 세어 덧셈식을 쓰세요.

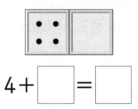

$4+\boxed{}=\boxed{}$

3 합이 6이 되는 두 수를 ◯로 묶어 보세요.

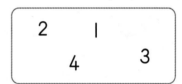

4 그림을 보고 뺄셈 이야기를 만들었습니다.
□ 안에 알맞은 수를 써넣으세요.

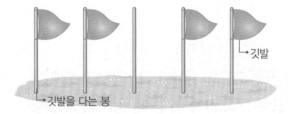

깃발을 다는 봉은 $\boxed{}$ 개 있고 깃발은

$\boxed{}$ 개 있으므로 깃발을 다는 봉은 깃발

보다 $\boxed{}$ 개 더 많습니다.

5 계산 결과가 더 큰 것에 ◯표 하세요.

$7-3$ $8-5$

(   )   (   )

6 수를 위에서부터 가르기 한 것입니다. 빈칸에 알맞은 수를 써넣으세요.

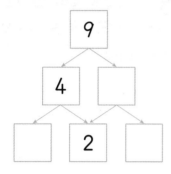

7 합이 5인 덧셈식을 만들어 보세요.

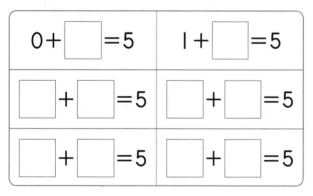

8 □ 안에 들어갈 수가 더 큰 식의 기호를 쓰세요.

ⓐ $\boxed{}+0=7$

ⓑ $9-\boxed{}=0$

(   )

3

덧셈과 뺄셈

9 냉장고에 복숭아가 4개 있었습니다. 그중에서 2개를 먹고 3개를 다시 사 와서 냉장고에 넣었습니다. 지금 냉장고에 있는 복숭아는 몇 개인지 구하세요.

(   )

10 수 카드 5장 중에서 3장을 뽑아 한 번씩만 사용하여 뺄셈식을 2개 만들어 보세요.

| 3 | 7 | 2 | 5 | 9 |

식 ① _____

  ② _____

11 윤아는 사탕 3개를 가지고 있었습니다. 사탕을 몇 개 더 샀더니 모두 9개가 되었습니다. 윤아가 더 산 사탕은 몇 개인가요?

(   )

🖊 서술형

12 언니와 동생이 머리핀 7개를 나누어 가졌습니다. 언니가 동생보다 3개 더 많이 가졌다면 언니가 가진 머리핀은 몇 개인지 풀이 과정을 쓰고 답을 구하세요.

풀이 _____

_____

_____

_____

답 _____

13 떡 4개를 세 접시에 나누어 담으려고 합니다. 한 접시에는 적어도 1개의 떡을 담을 때 담을 수 있는 방법은 모두 몇 가지인가요?

(   )

🖊 서술형

14 민영이의 학용품을 모아 놓은 것입니다. ▨ 모양은 ⬤ 모양보다 몇 개 더 많은지 풀이 과정을 쓰고 답을 구하세요.

풀이 _____

_____

_____

_____

답 _____

15 소희가 주사위 2개를 던져서 나온 눈의 수의 합은 6, 차는 4입니다. 던져서 나온 눈의 수를 주사위에 그려 넣으세요.

3

덧셈과 뺄셈

85

4. 비교하기

4단원의 대표 심화 유형

● 학습한 후에 이해가 부족한 유형에 체크하고 한 번 더 공부해 보세요.

 큐알 코드를 찍으면 개념 학습 영상과 문제 풀이 영상도 보고, 수학 게임도 할 수 있어요.

이번에 배울 내용 ____ 1-1

❖ 비교하기
- 길이 비교하기 / 키와 높이 비교하기
- 무게 비교하기 / 넓이 비교하기
- 담을 수 있는 양 / 담긴 양 비교하기

이후에 배울 내용 ____ 2-1

❖ 길이 재기
- 여러 가지 단위로 길이 재기
- 1 cm 알아보기
- 자로 길이 재기
- 길이 어림하기

개념 1 | 길이 비교하기

1. 두 가지 물건의 길이 비교하기

숟가락 — 더 짧다

포크 — 더 길다

┌ 숟가락은 포크보다 더 짧습니다.
└ 포크는 숟가락보다 더 깁니다.

> 두 가지 물건의 길이를 비교할 때에는 '더 짧다', '더 길다'로 나타내.

참고 오른쪽 끝이 맞추어져 있는 경우에는 왼쪽 끝을 비교합니다.

더 짧다

더 길다

> 한쪽 끝을 맞추어 맞대어 보았을 때 다른 쪽 끝이 남는 게 더 길어.

2. 세 가지 물건의 길이 비교하기

가장 짧다

가장 길다

┌ 빨간색 색연필이 가장 짧습니다.
└ 파란색 색연필이 가장 깁니다.

> 여러 가지 물건의 길이를 비교할 때에는 '가장 짧다', '가장 길다'로 나타내.

참고 길이를 비교할 때에는 물건의 한쪽 끝을 맞춘 후 다른 쪽 끝을 비교합니다.

개념 2 | 키와 높이 비교하기

1. 키 비교하기

(1) 두 사람의 키 비교하기

혜리   재하

더 작다   더 크다

┌ 혜리는 재하보다 더 작습니다.
└ 재하는 혜리보다 더 큽니다.

(2) 세 사람의 키 비교하기

가장 작다   가장 크다

2. 높이 비교하기

(1) 두 건물의 높이 비교하기

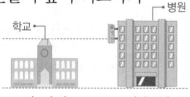

학교   병원

더 낮다   더 높다

┌ 학교는 병원보다 더 낮습니다.
└ 병원은 학교보다 더 높습니다.

(2) 세 건물의 높이 비교하기

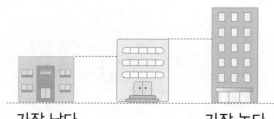

가장 낮다   가장 높다

개념 3 무게 비교하기

1. 두 가지 물건의 무게 비교하기

 야구공 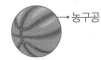 농구공

더 가볍다　　더 무겁다

┌ 야구공은 농구공보다 **더 가볍습니다.**
└ 농구공은 야구공보다 **더 무겁습니다.**

2. 세 가지 물건의 무게 비교하기

가장 가볍다　　　　　　가장 무겁다

주의 ▶ 크기가 크다고 더 무거운 것은 아닙니다.

풍선은 조약돌보다
더 가벼워.

풍선　　　조약돌

개념 4 넓이 비교하기

1. 두 가지 물건의 넓이 비교하기

 공책　　　 칠판

더 좁다　　　　　더 넓다

┌ 공책은 칠판보다 **더 좁습니다.**
└ 칠판은 공책보다 **더 넓습니다.**

2. 세 가지 물건의 넓이 비교하기

가장 좁다　　　　　　가장 넓다

개념 5 담을 수 있는 양 비교하기

1. 두 가지 물건의 담을 수 있는 양 비교하기

가　　　　　나

더 적다　　　　더 많다

┌ 가는 나보다 담을 수 있는 양이
│ **더 적습니다.**
└ 나는 가보다 담을 수 있는 양이
　더 많습니다.

2. 세 가지 물건의 담을 수 있는 양 비교하기

가장 적다　　　　　　가장 많다

개념 6 담긴 양 비교하기

1. 그릇의 모양과 크기가 같을 때 담긴 양 비교하기

가장 적다　　　　가장 많다

물의 높이가 높을수록 담긴 물의 양이
더 많습니다.

2. 물의 높이가 같을 때 담긴 양 비교하기

가장 적다　　　　가장 많다

그릇의 크기가 클수록 담긴 물의 양이
더 많습니다.

1 길이 비교하기

1 더 긴 것에 ○표 하세요.

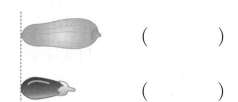

( )

( )

2 더 긴 바지를 찾아 기호를 쓰세요.

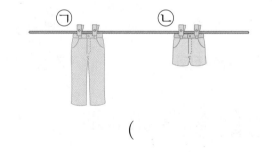

( )

3 □ 안에 알맞은 말을 써넣으세요.

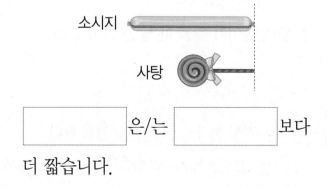

소시지

사탕

[   ] 은/는 [   ] 보다

더 짧습니다.

4 가장 긴 것에 ○표, 가장 짧은 것에 △표 하세요.

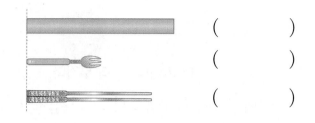

( )

( )

( )

5 연필의 길이를 비교한 것입니다. 소희의 연필보다 더 긴 것은 누구의 연필인가요?

소희

민주

재하

( )

문제 해결

6 유림이는 빨간색 막대, 초록색 막대, 파란색 막대의 길이를 비교하려고 합니다. 가장 짧은 막대의 색깔은 무엇인가요?

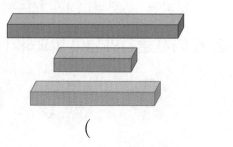

( )

2 **키와 높이 비교하기**

7 키가 더 큰 것에 ○표 하세요.

(   )   (   )

8 더 높은 것에 ○표 하세요.

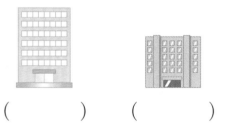

(   )   (   )

9 키가 가장 큰 것에 ○표, 가장 작은 것에 △표 하세요.

(   ) (   ) (   )

10 철봉의 높이가 낮은 것부터 차례로 ( )안에 1, 2, 3을 쓰세요.

(   )(   )(   )

11 ☐ 안에 알맞은 이름을 써넣으세요.

준호   승재

☐ 는 ☐ 보다 키가 더 큽니다.

12 키가 가장 큰 사람은 누구인가요?

효정   기우   정현

(   )

비교하기

91

3 무게 비교하기

13 더 무거운 것에 ○표 하세요.

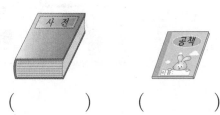

(   )   (   )

14 관계있는 것끼리 이어 보세요.

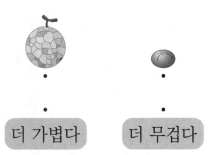

더 가볍다   더 무겁다

15 더 가벼운 것을 찾아 쓰세요.

냉장고   전화기

(   )

16 가장 가벼운 것에 △표 하세요.

(   ) (   ) (   )

17 무거운 것부터 순서대로 쓰세요.

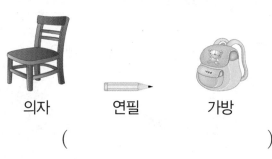

의자   연필   가방

(   )

18 주어진 말에 알맞게 ☐ 안에 이름을 써넣으세요.

> 경민이는 민서보다 더 무겁습니다.

19 종이를 접어서 받침대를 만든 후 물건을 올려놓은 것입니다. 자와 필통 중에서 더 무거운 물건을 찾아 쓰세요.

(   )

4 넓이 비교하기

20 더 넓은 것에 색칠해 보세요.

21 더 좁은 것을 찾아 기호를 쓰세요.

㉠  ㉡

(   )

22 관계있는 것끼리 이어 보세요.

· 더 넓다

· 더 좁다

23 가장 넓은 것에 ○표, 가장 좁은 것에 △표 하세요.

(   ) (   ) (   )

24 그림을 보고 알맞은 말에 ○표 하세요.

(1) (초록색 , 빨간색 , 보라색) 종이가 가장 좁습니다.

(2) (초록색 , 보라색) 종이는 빨간색 종이보다 더 넓습니다.

25 ☐ 안에 알맞은 장소를 **보기** 에서 찾아 써넣 으세요.

보기

내 방   축구장

(1) 우리 반 교실보다 더 넓은 곳은

☐ 입니다.

(2) 우리 집 거실보다 더 좁은 곳은

☐ 입니다.

26 왼쪽 그림은 2명이 앉을 수 있는 돗자리입 니다. 4명이 앉을 수 있는 적당한 넓이의 돗자리를 그려 보세요.

4 비교하기

93

5 담을 수 있는 양 비교하기

27 더 많이 담을 수 있는 것에 ○표 하세요.

(   )   (   )

28 담을 수 있는 양이 더 적은 컵을 찾아 기호를 쓰세요.

가   나

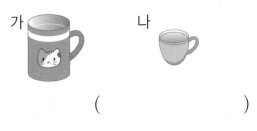

(   )

29 그림을 보고 보기에서 알맞은 말을 찾아 ☐ 안에 써넣으세요.

보기

| 많습니다 | 적습니다 |

욕조   세면대

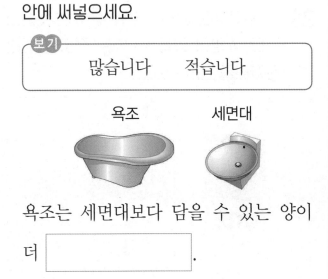

욕조는 세면대보다 담을 수 있는 양이
더 ☐ .

30 왼쪽 컵보다 물을 더 많이 담을 수 있는 것에 ○표 하세요.

(   ) (   )

31 담을 수 있는 양이 가장 많은 것과 가장 적은 것을 각각 찾아 기호를 쓰세요.

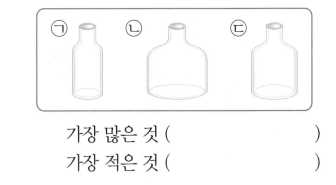

㉠   ㉡   ㉢

가장 많은 것 (   )
가장 적은 것 (   )

추론

32 시후의 물총을 찾아 기호를 쓰세요.

㉠, ㉡, ㉢ 중 내 물총은 물통에
물을 가장 많이 담을 수 있어.

시후

㉠   ㉡   ㉢

(   )

6 담긴 양 비교하기

33 담긴 물의 양이 더 적은 것에 ○표 하세요.

(   ) (   )

34 담긴 물의 양이 더 많은 것을 찾아 기호를 쓰세요.

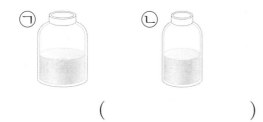

(   )

35 담긴 물의 양을 비교하여 관계있는 것끼리 이어 보세요.

•   더 많다

•   더 적다

36 담긴 물의 양이 가장 적은 것에 △표 하세요.

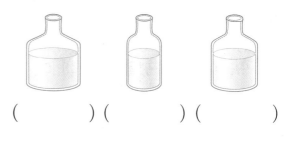

(   ) (   ) (   )

37 담긴 우유의 양이 많은 것부터 차례로 ( ) 안에 1, 2, 3을 쓰세요.

(   ) (   ) (   )

😀 의사소통

38 그림을 보고 알맞은 것을 찾아 이어 보세요.

도윤 — 가장 적게 담긴 주스를 마실 거야.

하린 — 도윤이보다 더 많이 담긴 주스를 마실 거야.

지유 — 하린이보다 더 적게 담긴 주스를 마실 거야.

4

비교하기

95

활용 1 양쪽 끝이 맞추어진 길이 비교하기

양쪽 끝이 맞추어진 것은 많이 구부러져 있을수록 곧게 폈을 때 더 깁니다.

1-1 더 긴 것에 ○표 하세요.

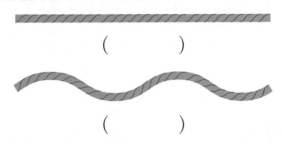

(   )

(   )

1-2 더 짧은 것을 찾아 기호를 쓰세요.

가

나

(   )

1-3 줄넘기가 긴 사람부터 차례로 이름을 쓰세요.

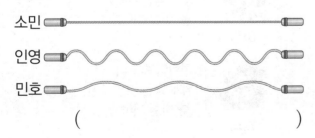

소민

인영

민호

(   )

활용 2 칸 수를 세어 넓이 비교하기

작은 한 칸의 크기가 같으므로 각각의 칸 수를 세어 넓이를 비교합니다.

2-1 그림에서 작은 한 칸의 크기는 모두 같습니다. 색칠한 ㉠와 ㉡ 중에서 더 넓은 곳을 찾아 기호를 쓰세요.

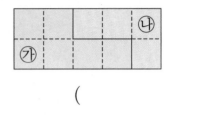

(   )

2-2 그림에서 작은 한 칸의 크기는 모두 같습니다. 색칠한 ㉠와 ㉡ 중에서 더 좁은 곳을 찾아 기호를 쓰세요.

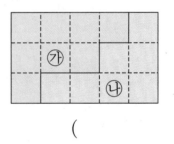

(   )

2-3 그림에서 작은 한 칸의 크기는 모두 같습니다. 가와 나 중 더 넓은 곳을 찾아 기호를 쓰세요.

가   나

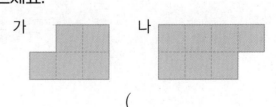

(   )

활용 3 고무줄에 매단 물건의 무게 비교하기

고무줄에 매단 물건의 무게가 무거울수록 고무줄이 더 많이 늘어납니다.

3-1 길이가 같은 고무줄에 각각 물건을 매달았더니 다음과 같이 늘어났습니다. 더 무거운 것은 어느 것인가요?

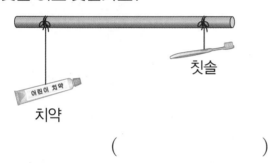

치약   칫솔

(   )

3-2 길이가 같은 고무줄에 각각 물건을 매달았더니 다음과 같이 늘어났습니다. 더 가벼운 것은 어느 것인가요?

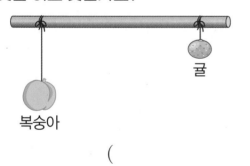

복숭아   귤

(   )

3-3 길이가 같은 고무줄에 각각 물건을 매달았더니 다음과 같이 늘어났습니다. 가장 무거운 것은 어느 것인가요?

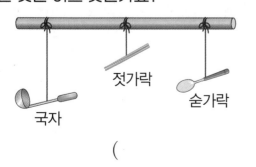

국자   젓가락   숟가락

(   )

활용 4 물을 더 빨리 받을 수 있는 것 찾기

담을 수 있는 양이 적을수록 물을 더 빨리 받을 수 있습니다.

4-1 수도에서 나오는 물의 양은 같습니다. 그릇에 물을 가득 받으려고 할 때 물을 더 빨리 받을 수 있는 그릇을 찾아 기호를 쓰세요.

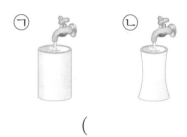

ㄱ   ㄴ

(   )

4-2 수도에서 나오는 물의 양은 같습니다. 그릇에 물을 가득 받으려고 할 때 물을 더 늦게까지 받게 되는 그릇을 찾아 기호를 쓰세요.

ㄱ   ㄴ

(   )

4-3 수도에서 나오는 물의 양은 같습니다. 물통에 물을 가득 받으려고 할 때 물을 빨리 받을 수 있는 물통부터 차례로 기호를 쓰세요.

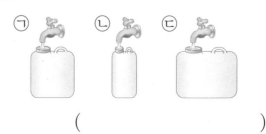

ㄱ   ㄴ   ㄷ

(   )

1 더 긴 것을 찾아 쓰세요.

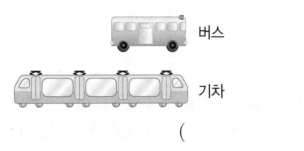

버스

기차

(   )

2 더 넓은 곳을 찾아 쓰세요.

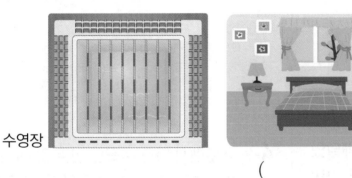

수영장   방

(   )

3 관계있는 것끼리 이어 보세요.

가장 무겁다   가장 가볍다

비
교
하
기

4 담을 수 있는 양이 가장 많은 것에 ○표, 가장 적은 것에 △표 하세요.

(   ) (   ) (   )

서술형

5 그림을 보고 보기와 같이 가와 다에 담긴 주스의 양을 비교하는 문장을 쓰세요.

 가　　　 나　　　 다

보기
> 담긴 주스의 양은 가가 나보다 더 적습니다.

_____

_____

6 그림을 보고 알맞은 말에 ○표 하세요.

 재희　　 현규　　 수지

⑴ 현규는 재희보다 키가 더 (큽니다, 작습니다).

⑵ 수지는 키가 가장 (큽니다, 작습니다, 낮습니다).

7 가장 넓은 곳에 색칠해 보세요.

 추론

8 왼쪽 그릇에 가득 담긴 물을 오른쪽 그릇에 옮겨 담으면 어떻게 될지 그려 보세요.

S 솔루션

그릇의 모양과 크기가 같으면 주스의 높이가 높을수록 담긴 주스의 양이 더 많아요.

아래쪽 끝이 맞추어져 있을 때에는 위쪽 끝을 비교해요.

투명 종이에 그린 후 겹쳐서 비교할 수 있어요.

4

비교하기

99

9 현진이와 태민이는 같은 아파트에 살고 있습니다. 현진이는 4층, 태민이는 7층에 산다면 더 낮은 곳에 사는 사람은 누구인가요?

( )

10 승호, 형, 동생은 오른쪽 그림과 같이 피자를 나누어 먹었습니다. 가장 넓은 피자 조각을 먹은 사람은 누구인가요?

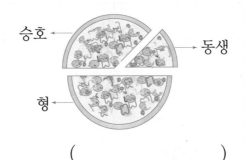

승호
동생
형

( )

11 왼쪽 붓보다 길이가 더 긴 것은 모두 몇 개인가요?

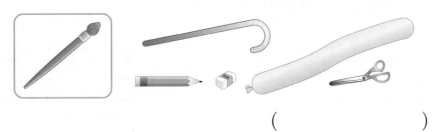

( )

12 다음을 읽고 책상, 책장, 의자 중에서 높이가 가장 높은 것을 쓰세요.

책상은 책장보다 더 낮고, 의자보다 더 높습니다.

( )

S 솔루션

13 키가 큰 사람부터 차례로 이름을 쓰세요.

지호   희수   지율

(   )

14 담긴 우유의 양이 가장 적은 것을 찾아 기호를 쓰세요.

가   나   다

(   )

 추론

15 똑같은 빈 상자 위에 동물들이 올라갔습니다. 각 상자 위에 올라 갔던 동물을 찾아 이어 보세요.

 솔루션

위쪽 끝이 맞추어져 있으므로 아래쪽 끝을 비교해요.

그릇의 크기를 먼저 비교하고 우유의 높이를 비교해요.

상자에 무거운 동물이 올라갈 수록 상자가 더 많이 찌그러 져요.

4

비교하기

101

심화 1

쌓은 높이 비교하기
크기가 같은 물건을 위로 많이 쌓을수록 높이가 높아!

◆ 모양과 크기가 똑같은 상자가 있습니다. 상자를 은재는 위로 4개, 승유는 위로 7개 쌓았습니다. 쌓은 상자의 높이가 더 높은 사람은 누구인지 구하세요.

문제해결

1 은재와 승유가 쌓은 상자의 수를 각각 구하세요.

은재 (   )

승유 (   )

2 은재와 승유 중 쌓은 상자의 높이가 더 높은 사람은 누구인지 구하세요.

(   )

쌍둥이

1-1 모양과 크기가 똑같은 블록이 있습니다. 블록을 혜지는 위로 8개 쌓았고, 경수는 위로 5개 쌓았습니다. 쌓은 블록의 높이가 더 낮은 사람은 누구인지 구하세요.

답 _____

변형

1-2 모양과 크기가 똑같은 주사위가 있습니다. 쌓은 주사위의 높이가 가장 높은 사람은 누구인지 구하세요.

주사위를 위로 6개 쌓았어.	주사위를 위로 5개 쌓았어.	주사위를 위로 9개 쌓았어.
다은	도윤	지호

답 _____

심화 2

저울을 이용하여 무게 비교하기

쌓기나무의 개수가 많을수록 무겁고, 저울은 무게가 무거운 쪽으로 내려가!

◆ □ 안에 들어갈 수 있는 쌓기나무를 모두 찾아 ○표 하세요.

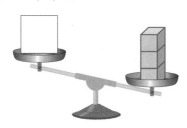

문제해결

1 저울을 보고 무게가 더 무거운 쪽에 ○표 하세요.

(왼쪽 , 오른쪽)

2 □ 안에 들어갈 수 있는 쌓기나무의 개수를 모두 구하세요.

(   )

3 □ 안에 들어갈 수 있는 쌓기나무를 모두 찾아 ○표 하세요.

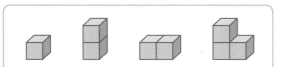

쌍둥이

2-1 □ 안에 들어갈 수 있는 쌓기나무를 모두 찾아 ○표 하세요.

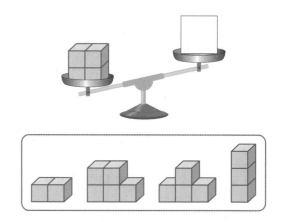

변형

2-2 □ 안에 들어갈 수 있는 쌓기나무를 모두 찾아 ○표 하세요.

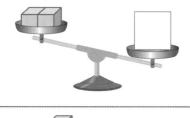

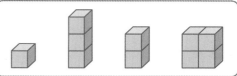

4

비교하기

3^{단계} 심화 유형 연습

심화 3

세 사람의 키 비교하기

㉮가 ㉯보다 키가 크고, ㉯가 ㉰보다 키가 크면 ㉮는 ㉰보다 키가 커!

◆ 민주, 재호, 지애 중에서 키가 가장 큰 사람은 누구인지 구하세요.

- 민주는 재호보다 키가 더 큽니다.
- 지애는 재호보다 키가 더 작습니다.

문제해결

1 ☐ 안에 알맞은 이름을 써넣으세요.

- ☐ 는 재호보다 키가 더 큽니다.
- 재호는 ☐ 보다 키가 더 큽니다.

2 키가 가장 큰 사람은 누구인지 구하세요.

(   )

4

비교하기

104

🏷 쌍둥이

3-1 지수, 경환, 준호 중에서 키가 가장 큰 사람은 누구인지 구하세요.

- 지수는 경환이보다 키가 더 큽니다.
- 준호는 경환이보다 키가 더 작습니다.

답 _____

💡 변형

3-2 세 나무 중 키가 큰 나무부터 차례로 이름을 쓰세요.

▶ 동영상

- 사과나무는 감나무보다 키가 더 큽니다.
- 밤나무는 감나무보다 키가 더 작습니다.

답 _____

심화 4

자른 종이의 넓이 비교하기

두 조각을 겹쳐 맞대어 비교해 보면 모자라는 쪽이 더 좁아!

◆ 노란색 도화지와 주황색 도화지를 각각 그림의 선을 따라 모두 자르려고 합니다. 잘랐을 때 생기는 조각 중에서 넓이가 가장 좁은 조각은 무슨 색인지 쓰세요.

 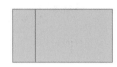

문제해결

1 노란색 도화지를 자른 조각 중 더 좁은 것에 ◯표 하세요.

2 주황색 도화지를 자른 조각 중 더 좁은 것에 △표 하세요.

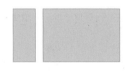

3 두 도화지를 잘랐을 때 생기는 조각 중 넓이가 가장 좁은 조각의 색을 쓰세요.

(   )

 쌍둥이

4-1 빨간색 색종이와 초록색 색종이를 각각 그림의 선을 따라 모두 자르려고 합니다. 잘랐을 때 생기는 조각 중에서 넓이가 가장 넓은 조각은 무슨 색인지 쓰세요.

답 _____

 변형

4-2 수지, 우영이가 각자 가지고 있는 색종이를 그림의 선을 따라 모두 자르려고 합니다. 잘랐을 때 생기는 조각 중에서 넓이가 가장 좁은 조각은 누구의 것인지 이름을 쓰세요.

▶ 동영상

수지   우영

답 _____

4

비교하기

105

심화 5

세 사람의 무게 비교하기

시소는 무게가 무거운 쪽이 내려가고 가벼운 쪽이 올라가!

◆ 지호, 승훈, 경태가 시소를 타고 있습니다. 가벼운 사람부터 차례로 이름을 쓰세요.

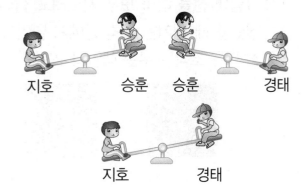

지호　　　승훈　　승훈　　　경태

지호　　　　경태

문제해결

1 가장 가벼운 사람은 누구인가요?

(　　　　　　　)

2 가장 무거운 사람은 누구인가요?

(　　　　　　　)

3 가벼운 사람부터 차례로 이름을 쓰세요.

(　　　　　　　)

🖾 쌍둥이

5-1 미애, 승주, 영지가 시소를 타고 있습니다. 가벼운 사람부터 차례로 이름을 쓰세요.

미애　　　승주　　영지　　　미애

영지　　　　승주

답 _____

💡 변형

5-2 진영, 은아, 지혜가 시소를 타고 있습니다. ▶동영상 무거운 사람부터 차례로 이름을 쓰세요.

진영　　　은아　　진영　　　지혜

답 _____

심화 6 담을 수 있는 양 비교하기

옮겨 담았을 때 담을 수 있는 양이 적으면 넘치고, 많으면 가득 차지 않아!

◆ 그릇 ㉮, ㉯, ㉰ 중에서 담을 수 있는 양이 가장 많은 그릇을 찾아 기호를 쓰세요.

> • ㉮에 물을 가득 담아 ㉯에 부으면 넘칩니다.
> • ㉮에 물을 가득 담아 ㉰에 부으면 가득 차지 않습니다.

문제해결

1 ㉮와 ㉯ 중에서 담을 수 있는 양이 더 많은 그릇은 무엇인가요?

( )

2 ㉮와 ㉰ 중에서 담을 수 있는 양이 더 많은 그릇은 무엇인가요?

( )

3 담을 수 있는 양이 가장 많은 그릇을 찾아 기호를 쓰세요.

( )

 쌍둥이

6-1 하린이와 시후의 대화를 읽고 그릇 ㉮, ㉯, ㉰ 중에서 담을 수 있는 양이 가장 적은 그릇을 찾아 기호를 쓰세요.

하린

> ㉰에 물을 가득 담아 ㉮에 부으면 넘쳐.

> ㉰에 물을 가득 담아 ㉯에 부으면 가득 차지 않아.

시후

 답 _____

 변형

6-2 그릇 가, 나, 다 중에서 담을 수 있는 양이 가장 많은 그릇을 찾아 기호를 쓰세요.

▶동영상

> • 가에 주스를 가득 담아 나에 부으면 넘칩니다.
> • 다에 주스를 가득 담아 나에 부으면 반 정도 찹니다.

답 _____

4

비교하기

107

1 같은 자루 가와 나에 깃털과 돌멩이를 각각 가득 담았습니다. 깃털을 담은 자루를 찾아 기호를 쓰세요.

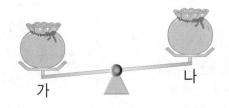

(   )

2 키가 두 번째로 큰 사람의 이름을 쓰세요.

효태   예나   준기   윤호

(   )

108

3 민규, 은경, 희민이가 모양과 크기가 같은 컵에 물을 가득 채워 마시고 남은 것입니다. 물을 가장 적게 마신 사람은 누구인가요?

민규   은경   희민

(   )

4 긴 끈부터 차례로 기호를 쓰세요.

▶ 동영상

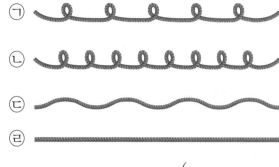

㉠

㉡

㉢

㉣

(   )

5 성빈이와 경혜가 각자 가지고 있는 타일을 바닥에 빈틈없이 붙이려고 합니

▶ 동영상 다. 두 사람이 타일 한 장을 붙이는 데 걸리는 시간은 같습니다. 두 사람이 동시에 타일을 붙이기 시작했다면 누가 더 빨리 바닥에 타일을 빈틈없이 붙이게 되나요? (단, 가지고 있는 타일의 크기는 각각 같습니다.)

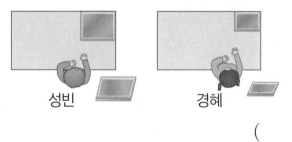

성빈   경혜

(   )

⚡ 추론

6 바닥에 있는 면이 가장 넓은 상자에 선물을 넣으려고 합니다.

▶ 동영상 보라색, 초록색, 빨간색, 노란색 상자 중에서 어느 색 상자에 선물을 넣어야 하나요?

바닥에 있는 면

㉠ 보라색 상자는 바닥에 있는 면이 가장 좁습니다.
㉡ 초록색 상자는 빨간색 상자보다 바닥에 있는 면이 더 넓습니다.
㉢ 노란색 상자는 초록색 상자보다 바닥에 있는 면이 더 좁습니다.

(   )

BOOK **2** 18~21쪽에서 경시대회 문제 도전!

1 더 높은 것에 ○표 하세요.

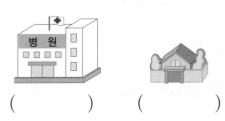

(   )   (   )

2 관계있는 것끼리 이어 보세요.

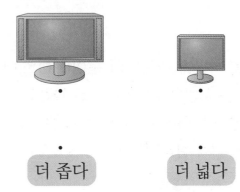

더 좁다   더 넓다

3 그림을 보고 □ 안에 알맞은 이름을 써넣으세요.

□ 는 □ 보다

키가 더 작습니다.

수지 승미

4 길이가 더 긴 것을 찾아 기호를 쓰세요.

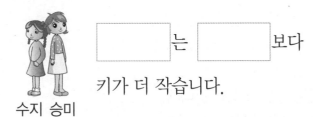

(   )

5 모양과 크기가 같은 병에 솜과 사탕을 가득 담았습니다. 솜과 사탕 중에서 어느 것을 담은 병이 더 무거운가요?

솜   사탕

(   )

6 초록색, 파란색, 빨간색 중에서 가장 높이 나는 연은 무슨 색인가요?

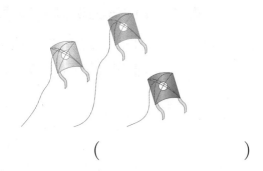

(   )

7 빈 곳에 우표보다 더 넓고 방석보다 더 좁은 모양을 그려 넣으세요.

우표   방석

8 모양과 크기가 같은 블록을 선재는 위로 3개, 연희는 위로 2개 쌓았습니다. 쌓은 블록의 높이가 더 높은 사람의 이름을 쓰세요.

(   )

9 보기의 컵에 가득 담긴 물이 넘치지 않게 모두 옮겨 담을 수 있는 컵을 찾아 기호를 쓰세요.

( )

10 같은 용수철에 빨간색 구슬과 파란색 구슬을 묶어 매달았습니다. 더 무거운 구슬은 무슨 색인가요?

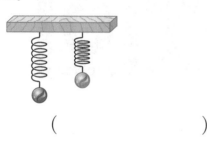

( )

🖊 서술형

11 가위보다 더 짧은 것은 모두 몇 개인지 풀이 과정을 쓰고 답을 구하세요.

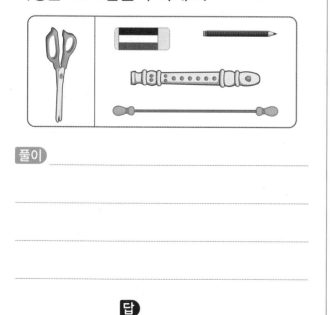

풀이 _____

_____

_____

답 _____

12 담긴 물의 양이 가장 적은 것을 찾아 기호를 쓰세요.

( )

🖊 서술형

13 상자 ㉮, ㉯, ㉰ 중에서 무거운 상자부터 차례로 기호를 쓰려고 합니다. 풀이 과정을 쓰고 답을 구하세요.

> • ㉮는 ㉯보다 더 가볍습니다.
> • ㉰는 ㉯보다 더 무겁습니다.

풀이 _____

_____

_____

_____

답 _____

14 한 가지 색의 도화지를 학급 게시판 전체에 빈틈없이 붙이려고 합니다. 사용하는 도화지의 수가 가장 적으려면 어떤 도화지를 붙여야 하는지 기호를 쓰세요.

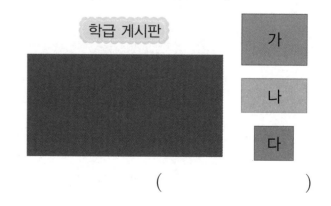

( )

4

비교하기

111

5.

50까지의 수

이전에 배운 내용 _____ 1-1

❖ 9까지의 수
• 9까지의 수의 이해
• 0 알기
• 수의 순서
• 수의 크기 비교

5단원의 대표 심화 유형

● 학습한 후에 이해가 부족한 유형에 체크하고 한 번 더 공부해 보세요.

01 몇십몇의 활용 ·················· ✓

02 수를 모으기한 후 가르기하기 ·········· ✓

03 몇십몇으로 나타낸 후 수의 크기 비교하기 ✓

04 수의 크기를 비교하여 ■에 알맞은 수 구하기 ✓

05 조건을 만족하는 수 구하기 ··········· ✓

06 수의 순서의 활용 ·················· ✓

 큐알 코드를 찍으면 개념 학습 영상과 문제 풀이 영상도 보고, 수학 게임도 할 수 있어요.

이번에 배울 내용 _____ 1-1

❖ 50까지의 수
• 10 / 십몇 / 몇십
• 50까지의 수
• 수의 순서
• 수의 크기 비교

이후에 배울 내용 _____ 1-2

❖ 100까지의 수
• 60, 70, 80, 90
• 99까지의 수 / 100 알기
• 수의 순서
• 수의 크기 비교

개념 1   10 알아보기

1. 10 알아보기

10	
십	열

9보다 1만큼 더 큰 수는 **10**입니다.

2. 10 모으기와 가르기

┌→ 10은 8과 2로 가르기
    할 수 있습니다.

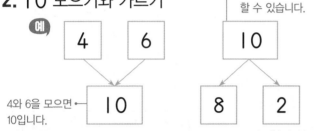

4	6		10

4와 6을 모으면 →
10입니다.

| 10 | | 8 | 2 |

참고 여러 가지 방법으로 10 모으기와 가르기

10	1	2	3	4	5	10
	9	8	7	6	5	

개념 2   십몇 알아보기

1. 10개씩 묶음 1개와 낱개로 나타내기

예

17	
십칠	열일곱

10개씩 묶음 1개와 낱개 7개 ➡ **17**
└→ 10개씩 묶음 1개와 낱개 ▲개: 1▲

2. 19까지의 수 알아보기

11	십일, 열하나	12	십이, 열둘
13	십삼, 열셋	14	십사, 열넷
15	십오, 열다섯	16	십육, 열여섯
17	십칠, 열일곱	18	십팔, 열여덟
19	십구, 열아홉		

3. 19까지의 수의 크기 비교하기

예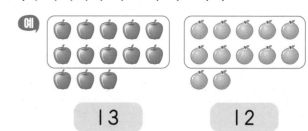

13		12

사과는 배보다 많습니다.

➡ 13은 12보다 큽니다. ┌→ 12는 13보다
                      작습니다.

┌─────────────────────────┐
│ 10개씩 묶음의 수가 1로 같으므로 │
│ 낱개의 수를 비교하면 13은 12보다 커. │
└─────────────────────────┘

개념 3   모으기와 가르기

1. 19까지의 수 모으기
예 6과 5를 모으기

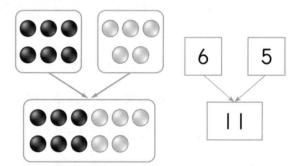

6	5

| 11 | |

➡ 6과 5를 모으기하면 11입니다.

2. 19까지의 수 가르기
예 11을 4와 어떤 수로 가르기

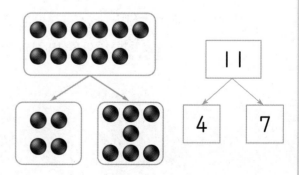

| 11 | |

| 4 | 7 |

➡ 11은 4와 7로 가르기할 수 있습니다.

1 | 10 알아보기

1 딸기의 수만큼 ○를 그리고, □ 안에 수를 써넣으세요.

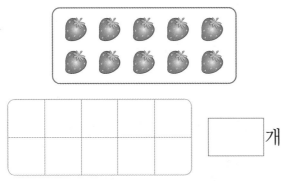

□ 개

2 10이 되도록 색칠해 보세요.

[3~4] 모으기와 가르기를 하여 빈칸에 알맞은 수를 써넣으세요.

3

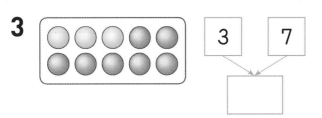

3   7

4

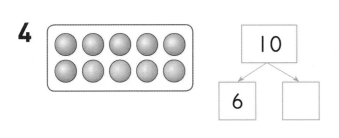

10

6

5 그림을 보고 □ 안에 알맞은 수를 써넣으세요.

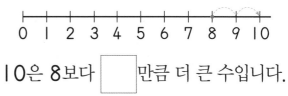

10은 8보다 □ 만큼 더 큰 수입니다.

6 10을 알맞게 읽은 것에 ○표 하세요.
(1) 상자에 공이 10개 들어 있습니다.

(열 , 십)

(2) 내 생일은 3월 10일입니다.

(열 , 십)

5
50까지의 수

115

7 옥수수가 9개보다 1개 더 많습니다. 옥수수는 모두 몇 개인가요?

꼭 단위까지 따라 쓰세요.

(개)

🔶 추론

8 유리는 구슬을 5개 가지고 있습니다. 구슬 10개로 팔찌를 만들려면 구슬은 몇 개 더 필요한가요?

(개)

5
50 까지의 수

2 십몇 알아보기

9 연필의 수를 세어 알맞은 수에 ○표 하세요.

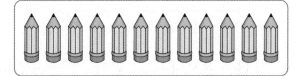

(11 , 12 , 13 , 14)

10 지우개를 10개씩 묶고, 수로 나타내 보세요.

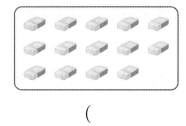

( )

11 수만큼 색칠해 보세요.

16

12 10개씩 묶음 1개와 낱개 9개인 수를 쓰세요.

( )

13 관계있는 것끼리 이어 보세요.

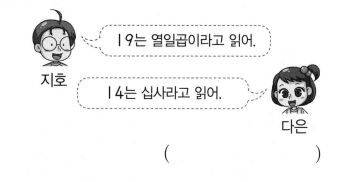

14 수를 잘못 읽은 사람의 이름을 쓰세요.

지호 — 19는 열일곱이라고 읽어.

14는 십사라고 읽어. — 다은

( )

15 13개가 되려면 ○를 몇 개 더 그려야 하나요?

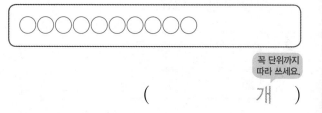

꼭 단위까지 따라 쓰세요.

(개)

16 색종이가 10장씩 묶음 1개와 낱개 7장이 있습니다. 색종이는 모두 몇 장인가요?

(장)

17 블록 의 수를 세어 ☐ 안에 써넣으세요.

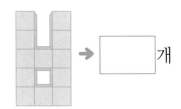 → ☐ 개

18 수를 세어 쓰고 수의 크기를 비교해 보세요.

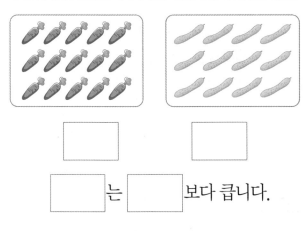

☐   ☐

☐ 는 ☐ 보다 큽니다.

🔵 실생활 연결

19 긴 초는 10살, 짧은 초는 1살을 나타냅니다. 형의 생일 케이크에 긴 초 1개, 짧은 초 3개가 꽂혀 있다면 형의 나이는 몇 살인가요?

꼭 단위까지 따라 쓰세요.

(살   )

---

3   **모으기와 가르기**

20 그림을 보고 빈칸에 알맞은 수를 써넣으세요.

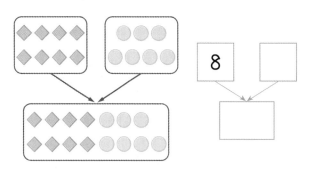

21 그림을 보고 빈칸에 알맞은 수를 써넣으세요.

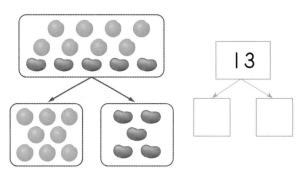

22 빈 곳에 들어갈 ●은 몇 개인가요?

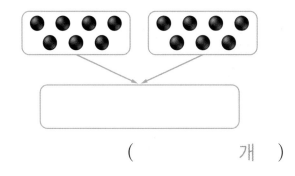

(개   )

[23~24] 모으기를 하여 빈칸에 알맞은 수를 써 넣으세요.

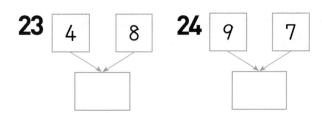

25 두 가지 방법으로 가르기를 해 보세요.

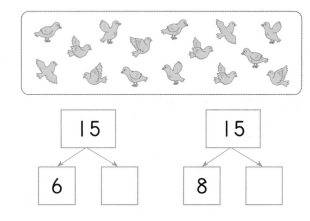

26 키위 4개와 키위 9개를 모으면 키위는 모두 몇 개인가요?

> 꼭 단위까지 따라 쓰세요.

(개   )

추론

27 모으기를 하여 17이 되는 두 수를 찾아 쓰세요.

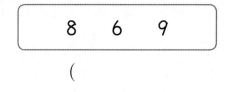

(   )

28 두 주사위의 눈의 수를 모으면 11이 되도록 빈 곳에 눈을 알맞게 그려 넣으세요.

29 토마토 16개를 두 접시에 모두 나누어 담았습니다. 오른쪽 접시에 담은 토마토의 수만큼 ○를 그려 넣으세요.

30 12칸을 빨간색과 초록색으로 나누어 색칠하고, 색칠한 칸의 수로 가르기를 해 보세요.

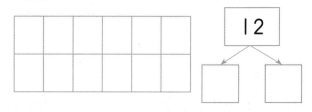

31 두 수를 모은 수가 <u>다른</u> 하나를 찾아 기호를 쓰세요.

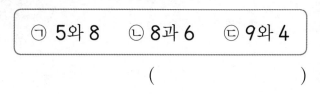

    ㉠ 5와 8   ㉡ 8과 6   ㉢ 9와 4

(   )

활용 1 10의 크기 알아보기

10의 크기를 이해한 후 나타내는 수가 10인 것을 찾습니다.

1-1 나타내는 수가 10인 것을 찾아 기호를 쓰세요.

> ㉠ 9보다 1만큼 더 작은 수
> ㉡ 4와 5를 모으기한 수
> ㉢ 8보다 2만큼 더 큰 수

(   )

1-2 나타내는 수가 10이 <u>아닌</u> 것을 찾아 기호를 쓰세요.

> ㉠ 9보다 1만큼 더 큰 수
> ㉡ 8보다 2만큼 더 작은 수
> ㉢ 5와 5를 모으기한 수

(   )

1-3 나타내는 수가 <u>다른</u> 하나를 찾아 기호를 쓰세요.

> ㉠ 십
> ㉡ 3과 6을 모으기한 수
> ㉢ 10개씩 묶음 1개
> ㉣ 2보다 8만큼 더 큰 수

(   )

활용 2 19까지의 수 모으기와 가르기

예 11 모으기와 가르기

2-1 빈칸에 알맞은 수를 써넣으세요.

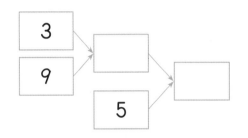

2-2 빈칸에 알맞은 수를 써넣으세요.

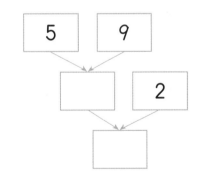

2-3 빈칸에 알맞은 수를 써넣으세요.

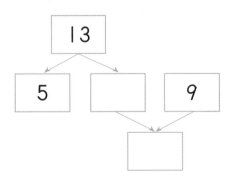

5

50까지의 수

119

1 10이 되도록 ○를 더 그리고, □ 안에 알맞은 수를 써넣으세요.

7보다 □ 만큼 더 큰 수는 10입니다.

2 구슬은 모두 몇 개인가요?

(   )

5
50 까지의 수

3 달걀의 수와 관계있는 것을 모두 찾아 ○표 하세요.

| 14 | 십육 | 16 |
| 열여섯 | 15 | 열일곱 |

4 ㉠과 ㉡ 중 더 큰 수를 찾아 기호를 쓰세요.

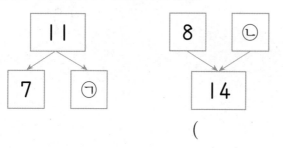

(   )

5 두 가지 방법으로 가르기를 해 보세요.

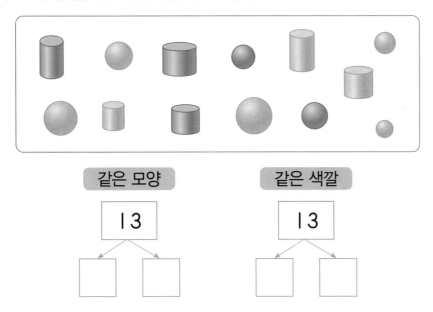

같은 모양	같은 색깔
1 3	1 3

S 솔루션

🐱 ⬢ 모양과 ⚫ 모양의 수로 가르기하고 빨간색과 초록색의 수로 가르기해 봐요.

6 세 도미노의 점의 수를 모두 모았더니 11이었습니다. 도미노 ㉠의 점의 수는 몇인지 구하세요.

(   )

🐻 먼저 첫 번째 점의 수와 두 번째 점의 수를 모으기해 봐요.

🔷 문제 해결

7 정수는 귤 10개를 동생과 남김없이 나누어 먹으려고 합니다. 각각 귤을 적어도 1개씩은 먹는다고 할 때 정수가 동생보다 더 많게 나누어 먹는 방법은 모두 몇 가지인지 구하세요.

(   )

🐰 10을 두 수로 가르기했을 때 정수가 동생보다 더 많은 경우를 찾아봐요.

개념 4 　10개씩 묶어 세어 보기

1. 몇십 알아보기

10개씩 묶음	20	이십, 스물
	30	삼십, 서른
	40	사십, 마흔
	50	오십, 쉰

2. 몇십의 크기 비교하기

예 20과 30의 크기 비교하기

10개씩 묶음의 수를 비교하면 2가 3보다 작으므로 20은 30보다 작습니다.

　10개씩 묶음의 수가 클수록 큰 수야.

개념 5 　50까지의 수 세어 보기

1. 몇십몇 알아보기

예

32	
삼십이	서른둘

10개씩 묶음 3개와 낱개 2개 → **32**

└ 10개씩 묶음 ■개와 낱개 ▲개: ■▲

2. 몇십몇을 10개씩 묶음의 수와 낱개의 수로 나타내기

예

	10개씩 묶음	낱개
24	2	4

개념 6 　50까지의 수의 순서 알아보기

1. 50까지의 수 배열표

1씩 커집니다.

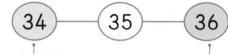

1	2	3	4	5	6	7	8	9	10
11	12	13	14	15	16	17	18	19	20
21	22	23	24	25	26	27	28	29	30
31	32	33	34	35	36	37	38	39	40
41	42	43	44	45	46	47	48	49	50

1씩 작아집니다.

2. 1만큼 더 큰 수와 1만큼 더 작은 수

(34) —— (35) —— (36)

35 바로 앞의 수　　　　　35 바로 뒤의 수

(1) 35보다 **1**만큼 더 작은 수 → 34
(2) 35보다 **1**만큼 더 큰 수 → 36
(3) 34와 36 사이에 있는 수 → 35

개념 7 　수의 크기 비교하기

1. 10개씩 묶음의 수가 다른 경우

10개씩 묶음의 수가 클수록 큰 수 **입니다.**

예

　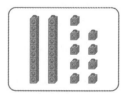

┌ 31은 29보다 큽니다.
└ 29는 31보다 작습니다.

2. 10개씩 묶음의 수가 같은 경우

낱개의 수가 클수록 큰 수입니다.

예 25와 21의 크기 비교

┌ 25는 21보다 큽니다.
└ 21은 25보다 작습니다.

4 10개씩 묶어 세어 보기

1 콩의 수를 세어 ☐ 안에 써넣으세요.

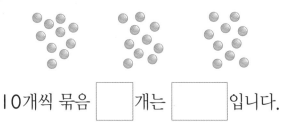

10개씩 묶음 ☐ 개는 ☐ 입니다.

2 ☐ 안에 알맞은 수를 구하세요.

10개씩 묶음 ☐ 개는 50입니다.

( )

3 공깃돌의 수를 세어 쓰고 두 가지 방법으로 읽어 보세요.

쓰기 ( )

읽기 ( ), ( )

4 20개가 되도록 ◯를 더 그려 보세요.

5 관계있는 것끼리 이어 보세요.

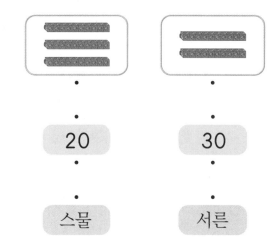

· ·

· ·

20   30

· ·

· ·

스물   서른

6 붕어빵이 10개씩 4묶음 있습니다. 붕어빵은 모두 몇 개인가요?

꼭 단위까지 따라 쓰세요.

(개)

7 수를 세어 쓰고 수의 크기를 비교해 보세요.

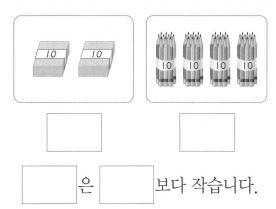

☐   ☐

☐ 은 ☐ 보다 작습니다.

 문제 해결

8 오징어 30마리를 한 묶음에 10마리씩 묶으면 몇 묶음이 되나요?

(묶음)

5 50까지의 수 세어 보기

9 그림을 보고 □ 안에 알맞은 수를 써넣으세요.

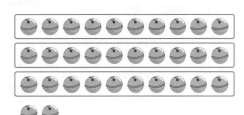

10개씩 묶음 ☐ 개와 낱개 ☐ 개는

☐ 입니다.

10 모형은 모두 몇 개인지 10개씩 묶음과 낱개의 수로 나타내고 세어 보세요.

10개씩 묶음	낱개

→ ☐ 개

11 빈칸에 알맞은 수를 써넣으세요.

수	10개씩 묶음	낱개
25	2	
39		9

12 수를 바르게 읽은 사람의 이름을 쓰세요.

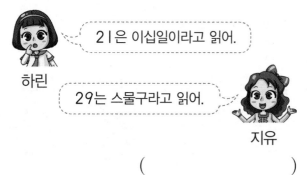

하린 : 21은 이십일이라고 읽어.

지유 : 29는 스물구라고 읽어.

(   )

13 밑줄 친 말을 수로 쓰세요.

운동장에 학생이 <u>마흔여섯</u> 명 서 있습니다.

(   )

14 □ 안에 알맞은 수를 써넣으세요.

☐ 은/는 10개씩 묶음 3개와 낱개 7개입니다.

문제 해결

15 클립이 10개씩 묶음 2개와 낱개 4개가 있습니다. 클립은 모두 몇 개인가요?

꼭 단위까지 따라 쓰세요.

(개   )

16 그림을 보고 색칠한 칸의 수를 세어 □ 안에 써넣으세요.

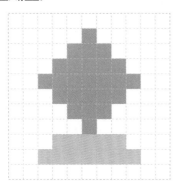

보라색: [ ] 칸, 초록색: [ ] 칸

17 나타내는 수가 <u>다른</u> 하나를 찾아 기호를 쓰세요.

┌─────────────────────────┐
│ ㉠ 사십팔   ㉡ 마흔일곱 │
│ ㉢ 48   ㉣ 마흔여덟 │
└─────────────────────────┘

( )

18 ㉠과 ㉡에 알맞은 수의 합을 구하세요.

┌─────────────────────────┐
│ ·30은 10개씩 묶음 ㉠개입니다. │
│ ·45는 10개씩 묶음 ㉡개와 낱개 │
│ 5개입니다.   │
└─────────────────────────┘

( )

---

6 **50까지의 수의 순서 알아보기**

19 순서대로 빈 곳에 수를 써넣으세요.

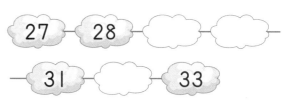

20 빈칸에 알맞은 수를 써넣으세요.

(1)

1만큼 더 작은 수		1만큼 더 큰 수
[ ]	23	[ ]

(2)

1만큼 더 작은 수		1만큼 더 큰 수
[ ]	48	[ ]

⚡ 추론

21 순서를 생각하며 ㉠에 알맞은 수를 쓰세요.

( )

22 순서를 생각하며 빈칸에 알맞은 말을 써넣으세요.

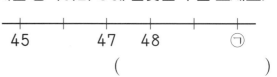

스물하나 [ ] 스물셋

5

50까지의 수

125

23 빈칸에 알맞은 수를 써넣으세요.

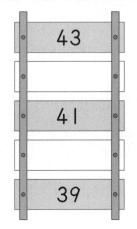

🔵 실생활 연결

[24~25] 수영장에 있는 보관함입니다. 물음에 답하세요.

1	2	3	4	5		7	8		10
11	12	13		15	16	17	18	19	
21	22	23	24		26	27	28		30
31		33		35	36	37		39	40

24 위 보관함의 빈칸에 순서대로 수를 써넣으세요.

25 유진이의 보관함 번호는 37보다 1만큼 더 큰 수입니다. 유진이의 보관함은 몇 번인가요?

꼭 단위까지 따라 쓰세요.

(번   )

26 ☐ 안에 주어진 수를 순서대로 써넣으세요.

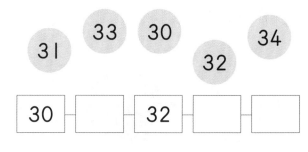

30		32		

27 책꽂이에 동화책을 번호 순서대로 꽂으려고 합니다. 43번과 45번 사이에는 몇 번을 꽂아야 하나요?

(번   )

28 사탕을 서우는 25개 가지고 있고, 지수는 서우보다 1개 더 적게 가지고 있습니다. 지수가 가지고 있는 사탕은 몇 개인가요?

(개   )

29 화살표 방향으로 순서를 생각하며 빈칸에 알맞은 수를 써넣으세요.

20	21	22		24	25
35		37	38	39	
	43	42		40	27
33	32	31		29	28

7 수의 크기 비교하기

30 수의 크기를 비교하여 알맞은 말에 ○표 하세요.

28은 24보다 (큽니다 , 작습니다).
24는 28보다 (큽니다 , 작습니다).

31 왼쪽 수보다 작은 수에 ○표 하세요.

| 32 | 41 | 28 |

32 그림을 보고 □ 안에 알맞은 수를 써넣으세요.

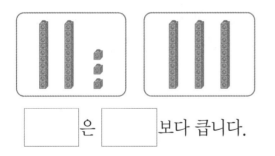

□ 은 □ 보다 큽니다.

33 더 작은 수를 말한 사람의 이름을 쓰세요.

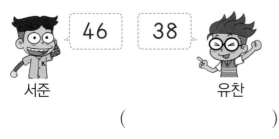

46   38

서준   유찬

(   )

34 구슬의 수를 세어 □ 안에 써넣고, 더 작은 수에 ○표 하세요.

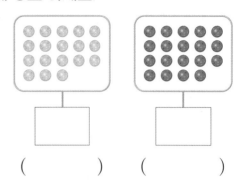

(   )   (   )

35 수의 크기를 잘못 비교한 것을 찾아 기호를 쓰세요.

⊙ 35는 24보다 큽니다.
ⓒ 49는 50보다 작습니다.
ⓒ 29는 31보다 큽니다.

(   )

36 감자와 고구마의 수를 나타낸 것입니다. 감자와 고구마 중 더 많은 것은 무엇인가요?

• 감자: 10개씩 묶음 2개
• 고구마: 17개

(   )

37 귤은 43개, 딸기는 41개 있습니다. 귤과 딸기 중 더 적은 것은 무엇인가요?

(   )

활용 3 더 필요한 묶음의 수 구하기

전체가 10개씩 몇 묶음인지 구한 후

| 전체 10개씩 묶음 수 | − | 지금 있는 10개씩 묶음 수 | = | 더 필요한 10개씩 묶음 수 |

를 구합니다.

3-1 공책이 10권씩 3묶음 있습니다. 공책이 모두 50권이 되려면 10권씩 몇 묶음이 더 있어야 하나요?

(   )

3-2 달걀이 10개씩 2판 있습니다. 달걀이 모두 30개가 되려면 10개씩 몇 판이 더 있어야 하나요?

(   )

3-3 파란색 색종이가 10장씩 1묶음, 노란색 색종이가 10장씩 2묶음 있습니다. 색종이가 모두 50장이 되려면 10장씩 몇 묶음이 더 있어야 하나요?

(   )

활용 4 사이에 있는 수 구하기

●와 ▲ 사이에 있는 수는 ●와 ▲는 포함되지 않습니다.

예
23 — 24 — 25 — 26

23과 26 사이에 있는 수

4-1 책꽂이에 책을 번호 순서대로 꽂았습니다. 41번과 45번 책 사이에 꽂혀 있는 책은 모두 몇 권인가요?

(   )

4-2 운동장에 학생들이 번호 순서대로 서 있습니다. 28번과 34번 학생 사이에 서 있는 학생은 모두 몇 명인가요?

(   )

4-3 39와 47 사이에 있는 수는 모두 몇 개인가요?

(   )

활용 5 세 수의 크기 비교하기

두 수씩 비교하거나 세 수를 동시에 비교합니다.

예 ① 23이 15보다 큽니다. ② 26이 23보다 큽니다.

15　　23　　26

③ 26이 15보다 큽니다.

➡ 큰 수부터 차례로 쓰면 26, 23, 15 입니다.
가장 큰 수┘　가장 작은 수┘

5-1 세 수 중 가장 작은 수를 쓰세요.

| 34　　28　　31 |

(　　　　　)

5-2 세 수 중 가장 큰 수를 쓰세요.

| 12　　39　　35 |

(　　　　　)

5-3 하윤, 리하, 해수 중 가장 작은 수를 말한 사람의 이름을 쓰세요.

하윤: 이십칠
리하: 30과 32 사이의 수
해수: 30보다 1만큼 더 작은 수

(　　　　　)

활용 6 수 카드로 수 만들기

예 1 2 3 으로 몇십몇 만들기

• 가장 큰 몇십몇 : 3 2
가장 큰 수┘　└두 번째로 큰 수

• 가장 작은 몇십몇 : 1 2
가장 작은 수┘　└두 번째로 작은 수

6-1 3장의 수 카드 중에서 2장을 뽑아 한 번씩만 사용하여 몇십몇을 만들려고 합니다. 만들 수 있는 가장 큰 수를 구하세요.

3　1　4

(　　　　　)

6-2 3장의 수 카드 중에서 2장을 뽑아 한 번씩만 사용하여 몇십몇을 만들려고 합니다. 만들 수 있는 가장 작은 수를 구하세요.

4　2　3

(　　　　　)

6-3 3장의 수 카드 중에서 2장을 뽑아 한 번씩만 사용하여 몇십몇을 만들려고 합니다. 만들 수 있는 두 번째로 큰 수를 구하세요.

2　1　4

(　　　　　)

5

50까지의 수

129

2^{단계} 실력 유형 연습

1 토마토의 수와 관계있는 것에 모두 ○표 하세요.

| 스물 | 삼십 | **20** | 마흔 |

<S> 솔루션

10개씩 묶음이 ■개이면 ■0 이에요.

2 관계있는 것끼리 이어 보세요.

10개씩 묶음 4개 ·		· 오십
10개씩 묶음 3개 ·		· 사십
10개씩 묶음 5개 ·		· 삼십

5

50까지의 수

130

3 수로 바르게 나타낸 것을 모두 고르세요. ·············· (   )

① 열아홉 ➜ 9   ② 이십이 ➜ 22

③ 서른여덟 ➜ 36   ④ 마흔셋 ➜ 43

⑤ 사십칠 ➜ 37

4 감을 한 상자에 10개씩 담았더니 3상자가 되고, 4개가 남았습니다. 감은 모두 몇 개인가요?

(   )

10개씩 묶음 ■개와 낱개 ▲개는 ■▲예요.

5 다은이와 지호가 연결 모형으로 다음과 같은 모자 모양을 만들려고 합니다. 필요한 연결 모형의 수를 써넣고, 두 수의 크기를 비교해 보세요.

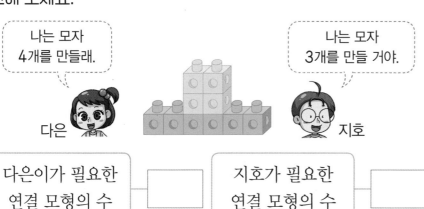

나는 모자 4개를 만들래.

다은

나는 모자 3개를 만들 거야.

지호

다은이가 필요한 연결 모형의 수		지호가 필요한 연결 모형의 수	

$\boxed{}$ 은 $\boxed{}$ 보다 큽니다.

6 순서를 생각하며 빈칸에 알맞은 수를 써넣으세요.

26	27	28	29		31		33
41	40		38			35	34
42	43	44			47		49

7 장미 26송이를 10송이씩 묶어 꽃다발을 만든다면 꽃다발은 몇 개까지 만들 수 있고, 남는 장미는 몇 송이인지 차례로 구하세요.

(   ), (   )

8 큰 수부터 차례로 쓰세요.

| 26 | 41 | 24 |

( )

9 두 수 ㉠과 ㉡ 사이에 있는 수는 모두 몇 개인가요?

㉠ 서른여섯   ㉡ 삼십구

( )

㉠과 ㉡을 수로 쓴 후 두 수 사이에 있는 수를 구해 봐요.

🔴 실생활 연결

10 운동장에 의자가 다음과 같이 번호 순서대로 놓여 있습니다. ㉠에 놓인 의자는 몇 번인가요?

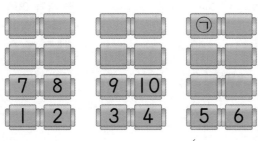

( )

수가 1씩 커지는 방향을 찾아 빈 곳에 수를 써넣어요.

11 주하는 색종이를 48장 가지고 있습니다. 이 중에서 10장씩 묶음 3개를 사용했다면 남은 색종이는 몇 장인가요?

( )

추론

12 규칙에 따라 빈 곳에 알맞은 수를 써넣으세요.

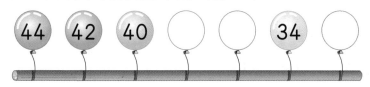

바로 앞의 수보다 몇씩 커지는지 또는 몇씩 작아지는지 알아봐요.

13 딸기 따기 체험 학습에서 딸기를 민주는 42개, 소희는 35개, 지아는 38개 땄습니다. 세 사람 중 딸기를 가장 적게 딴 사람은 누구인가요?

( )

문제 해결

14 20보다 작은 수 중에서 보기의 수보다 큰 수를 모두 구하세요.

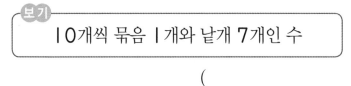

( )

■보다 작은 수와 ▲보다 큰 수에는 ■와 ▲가 포함되지 않아요.

15 오른쪽에 주어진 블록 으로 보기의 모양을 몇 개까지 만들 수 있는지 구하세요.

( )

보기의 모양 1개를 만드는 데 필요한 블록 수로 주어진 블록을 묶어 봐요.

5

50까지의 수

심화 1

몇십몇의 활용

10개씩 묶음의 수끼리, 낱개의 수끼리 생각해!

◆ 찹쌀떡이 10개씩 묶음 2개와 낱개 14개가 있습니다. 찹쌀떡은 모두 몇 개인지 구하세요.

문제해결

1 낱개 14개는 10개씩 묶음 몇 개와 낱개 몇 개인지 구하세요.

10개씩 묶음 (   )

낱개 (   )

2 찹쌀떡은 모두 10개씩 묶음 몇 개와 낱개 몇 개인지 구하세요.

10개씩 묶음 (   )

낱개 (   )

3 찹쌀떡은 모두 몇 개인지 구하세요.

(   )

🌐 쌍둥이

1-1 색종이가 10장씩 묶음 1개와 낱개 16장이 있습니다. 색종이는 모두 몇 장인지 구하세요.

답

💡 변형

1-2 호두가 10개씩 묶음 2개와 낱개 23개가 있습니다. 호두는 모두 몇 개인지 구하세요.

답

심화 2

수를 모으기한 후 가르기하기

먼저 두 수를 모은 후 그 수를 같은 수로 가르기해 봐!

◆ 두 상자에 담긴 구슬을 지수와 재경이가 똑같이 나누어 가지려고 합니다. 지수가 가질 수 있는 구슬은 몇 개인지 구하세요.

문제해결

1 두 상자에 담긴 구슬은 모두 몇 개인지 구하세요.

( )

2 위 **1**에서 구한 구슬의 수를 똑같은 두 수로 가르기를 해 보세요.

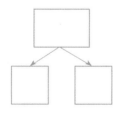

3 지수가 가질 수 있는 구슬은 몇 개인지 구하세요.

( )

쌍둥이

2-1 두 접시에 담긴 밤을 시안이와 동생이 똑같이 나누어 먹으려고 합니다. 시안이가 먹을 수 있는 밤은 몇 개인지 구하세요.

답

변형

2-2 두 주머니에 딱지가 각각 10장과 4장 들어 있습니다. 두 주머니에 들어 있는 딱지를 태호와 은우가 똑같이 나누어 가지려고 합니다. 태호가 가질 수 있는 딱지는 몇 장인지 구하세요.

답

심화 3	몇십몇으로 나타낸 후 수의 크기 비교하기
	10개씩 묶음의 수와 낱개의 수를 차례로 비교해!

◆ 과일 가게에 사과는 28개, 귤은 10개씩 묶음 2개와 낱개 6개, 복숭아는 스물다섯 개 있습니다. 사과, 귤, 복숭아 중 가장 많은 과일은 무엇인지 쓰세요.

문제해결 ....

1 귤은 몇 개인지 수로 쓰세요.

(   )

2 복숭아는 몇 개인지 수로 쓰세요.

(   )

3 사과, 귤, 복숭아 중에서 가장 많은 과일은 무엇인지 쓰세요.

(   )

🖾 쌍둥이

3-1 빵 가게에 단팥빵은 41개, 크림빵은 10개씩 묶음 4개와 낱개 2개, 피자빵은 서른여섯 개 있습니다. 단팥빵, 크림빵, 피자빵 중 가장 적은 빵은 무엇인지 쓰세요.

답 _____

💡 변형

3-2 채소 가게에 당근은 10개씩 묶음 2개와 낱개 24개, 오이는 마흔여섯 개, 호박은 서른아홉 개 있습니다. 당근, 오이, 호박 중 가장 많은 채소는 무엇인지 쓰세요.

▶ 동영상

답 _____

심화 4 수의 크기를 비교하여 ■에 알맞은 수 구하기

▲0보다 작은 몇십몇의 10개씩 묶음의 수는 ▲보다 작아!

◆ |부터 4까지의 수 중에서 ♥에 알맞은 수는 모두 몇 개인지 구하세요.

> ♥|은 30보다 작습니다.

문제해결

1 □ 안에 알맞은 수를 써넣으세요.

> ♥|은 30보다 작으므로
> ♥는 ☐ 보다 작은 수입니다.

2 ♥에 알맞은 수를 모두 구하세요.

(   )

3 ♥에 알맞은 수는 모두 몇 개인지 구하세요.

(   )

 쌍둥이

4-1 |부터 4까지의 수 중에서 ★에 알맞은 수는 모두 몇 개인지 구하세요.

> ★7은 29보다 큽니다.

답 _____

 변형

4-2 왼쪽 수는 오른쪽 수보다 작습니다. 0부터 9까지의 수 중에서 ●에 알맞은 수는 모두 몇 개인지 구하세요.

> 3●   34

답 _____

심화 5

조건을 만족하는 수 구하기

10개씩 묶음의 수를 먼저 구하자!

◆ 두 조건을 만족하는 수를 모두 구하세요.

> · 10과 30 사이에 있는 수입니다.
> · 3과 4를 모은 수는 낱개의 수와 같습니다.

문제해결

1 10개씩 묶음의 수가 될 수 있는 수를 모두 구하세요.

( )

2 낱개의 수를 구하세요.

( )

3 두 조건을 만족하는 수를 모두 구하세요.

( )

쌍둥이

5-1 두 조건을 만족하는 수를 모두 구하세요.

> · 30과 50 사이에 있는 수입니다.
> · 낱개의 수는 2와 2로 가르기를 할 수 있습니다.

답 _____

변형

5-2 두 조건을 만족하는 수는 모두 몇 개인지 ▶동영상 구하세요.

> · 10과 40 사이에 있는 수입니다.
> · 낱개의 수는 10개씩 묶음의 수와 같습니다.

답 _____

5

50까지의 수

심화 6

수의 순서의 활용

수로 나타낸 후 순서대로 쓰고 사이에 있는 수를 구하자!

◆ 운동장에 학생 40명이 앞에서부터 번호 순서대로 한 줄로 서 있습니다. 윤서는 앞에서부터 서른다섯 번째에 서 있고, 다해는 마지막에 서 있습니다. 윤서와 다해 사이에 서 있는 학생은 모두 몇 명인지 구하세요.

문제해결

1 윤서와 다해의 번호를 각각 수로 쓰세요.

윤서: ☐ 번

다해: ☐ 번

2 위 **1**에서 답한 두 수 사이에 있는 수를 모두 쓰세요.

( )

3 윤서와 다해 사이에 서 있는 학생은 모두 몇 명인지 구하세요.

( )

 쌍둥이

6-1 지민이네 반 학생 30명이 앞에서부터 번호 순서대로 한 줄로 서 있습니다. 지민이는 앞에서부터 열일곱 번째에 서 있고, 규식이는 앞에서부터 스물여섯 번째에 서 있습니다. 지민이와 규식이 사이에 서 있는 학생은 모두 몇 명인지 구하세요.

 답 _____

 **변형**

6-2 강당에 학생 50명이 앞에서부터 번호 ▶동영상 순서대로 한 줄로 서 있습니다. 수혁이는 앞에서부터 마흔 번째에 서 있고, 다영이는 뒤에서부터 세 번째에 서 있습니다. 수혁이와 다영이 사이에 서 있는 학생은 모두 몇 명인지 구하세요.

답 _____

5

50
까
지
의
수

1 혜리는 엘리베이터를 타고 16층에서 다섯 층만큼 내려와서 내렸습니다. 혜리는 몇 층에서 내렸나요?

(   )

🔵 실생활 연결

2 조기 2두름이 있습니다. 그중에서 10마리를 먹었다면 남은 조기는 몇 마리인가요?

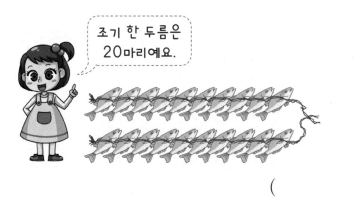

조기 한 두름은 20마리예요.

(   )

3 지아가 박물관에서 곤충의 수를 세어 본 것입니다. 노랑나비, 무당벌레, 잠자리 중 박물관에 가장 많이 있는 곤충은 무엇인지 쓰세요.

- 노랑나비는 스물다섯 마리 있습니다.
- 무당벌레는 30마리보다 2마리 더 적습니다.
- 잠자리는 노랑나비보다 1마리 더 많습니다.

(   )

4 ▶동영상 영채는 한 봉지에 10개씩 들어 있는 사탕 3봉지와 낱개 15개를 가지고 있습니다. 언니에게 한 봉지를 주면 영채에게 남은 사탕은 몇 개인가요?

(   )

5 ▶동영상 4장의 수 카드 중에서 2장을 뽑아 한 번씩만 사용하여 몇십몇을 만들려고 합니다. 만들 수 있는 수 중에서 23보다 큰 수는 모두 몇 개인가요?

| 1 | 4 | 3 | 2 |

(   )

6 ▶동영상 일부만 있는 수 배열표를 보고 규칙을 찾아 ㉠에 알맞은 수를 구하세요.

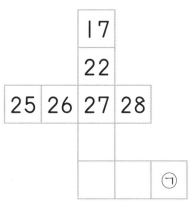

		17	
		22	
25	26	27	28
			㉠

(   )

BOOK❷ 22~27쪽에서 경시대회 문제 도전!

1 버섯의 수만큼 ○를 그리고, □ 안에 수를 써넣으세요.

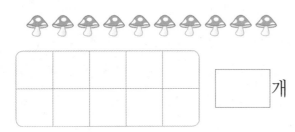

개

2 그림을 보고 빈칸에 알맞은 수를 써넣으세요.

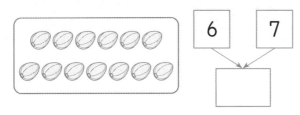

3 빈칸에 알맞은 수를 써넣으세요.

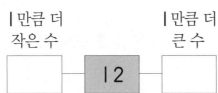

4 수를 세어 □ 안에 써넣고, 두 가지 방법으로 읽어 보세요.

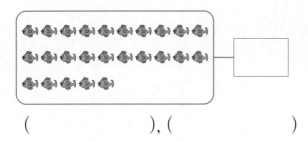

(   ), (   )

5 나타내는 수가 나머지와 다른 하나를 찾아 기호를 쓰세요.

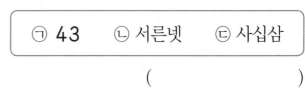

(   )

6 □ 안에 알맞은 수를 써넣으세요.

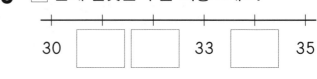

7 여러 가지 방법으로 가르기를 해 보세요.

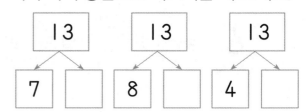

8 가장 큰 수를 찾아 ○표 하세요.

9 □ 안에 주어진 수를 작은 수부터 순서대로 써넣으세요.

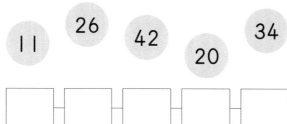

10 수 카드 ③, ①, ② 중에서 2장을 뽑아 한 번씩만 사용하여 몇십몇을 만들려고 합니다. 만들 수 있는 가장 큰 수를 구하세요.

( )

🖉 서술형

11 아정이는 한 봉지에 10개씩 들어 있는 쿠키를 5봉지 가지고 있습니다. 그중에서 2봉지를 친구들과 나누어 먹었다면 아정이에게 남은 쿠키는 몇 개인지 풀이 과정을 쓰고 답을 구하세요.

풀이 _____

_____

_____

_____

답 _____

12 두 접시에 있는 자두를 은채와 서아가 똑같이 나누어 먹으려고 합니다. 은채가 먹을 수 있는 자두는 몇 개인지 구하세요.

( )

13 구슬을 지후는 32개, 리하는 10개씩 묶음 3개와 낱개 6개, 준희는 서른다섯 개 가지고 있습니다. 구슬을 가장 많이 가지고 있는 사람은 누구인가요?

( )

🖉 서술형

14 조건을 모두 만족하는 수는 얼마인지 풀이 과정을 쓰고 답을 구하세요.

> • 40과 50 사이에 있는 수입니다.
> • 낱개의 수는 4와 2로 가르기를 할 수 있습니다.

풀이 _____

_____

_____

_____

답 _____

MEMO

빈틈없는
수준별 학습으로
빠져나갈 구멍 없이
완전봉쇄!

사고력

서술형

독해력

이제 긴 문제도
어렵지 않아요!

기본기와 서술형을 한 번에, 확실하게
수학 자신감은 덤으로!

수학리더 시리즈 (초1~6 / 학기용)

| [연산] | [개념] | [기본] | [유형] | [기본＋응용] | [응용·심화] | [최상위] |

[연산]
(*예비초~초6/총14단계)

[최상위]
(*초3~6)

#차원이_다른_클라쓰
#강의전문교재
#초등교재

수학교재

● 수학리더 시리즈

– 수학리더 [연산]	예비초~6학년/A·B단계
– 수학리더 [개념]	1~6학년/학기별
– 수학리더 [기본]	1~6학년/학기별
– 수학리더 [유형]	1~6학년/학기별
– 수학리더 [기본＋응용]	1~6학년/학기별
– 수학리더 [응용·심화]	1~6학년/학기별
신간 수학리더 [최상위]	3~6학년/학기별

● 독해가 힘이다 시리즈 *문제해결력

– 수학도 독해가 힘이다	1~6학년/학기별
신간 초등 문해력 독해가 힘이다 문장제 수학편	1~6학년/단계별

● 수학의 힘 시리즈

신간 수학의 힘	1~2학년/학기별
– 수학의 힘 알파[실력]	3~6학년/학기별
– 수학의 힘 베타[유형]	3~6학년/학기별

● Go! 매쓰 시리즈

– Go! 매쓰(Start) *교과서 개념	1~6학년/학기별
– Go! 매쓰(Run A/B/C) *교과서+사고력	1~6학년/학기별
– Go! 매쓰(Jump) *유형 사고력	1~6학년/학기별

● 계산박사

	1~12단계

월간교재

● NEW 해법수학	1~6학년
● 해법수학 단원평가 마스터	1~6학년 / 학기별
● 월간 무등생평가	1~6학년

전과목교재

● 리더 시리즈

– 국어	1~6학년/학기별
– 사회	3~6학년/학기별
– 과학	3~6학년/학기별

수학리더 응용·심화

경시대비

BOOK 2

1-1

22개정 교육과정 반영

상위권 도전 문제
응용·심화 문제
+ 경시대회 기출 문제

경시대회 예상 문제
사고력 문제
+ 창의·융합형 문제

경시대회 도전 문제
경시대회 대비 평가

리더가 되기 위한
공부 비법

천재교육

경시 대비북
포인트 **3**가지

▶ 다양한 응용·심화 유형을 풀며 상위권 도약

▶ 수학 경시대회에 출제된 다양한 문제 수록

▶ 각종 교내·외 경시대회 대비 가능

수학리더 응용심화 1-1

BOOK **2**

경시 대비북 **차례**

1 지은이가 은호에게 풍선을 1개 주었더니 은호의 풍선이 8개가 되었습니다. 은호가 처음에 가지고 있던 풍선은 몇 개인가요?

답 _____

수학 교과 역량_실생활 연결

2 수를 나타내는 한자는 다음과 같습니다. 보기에서 가장 작은 수를 찾아 수로 나타내 보세요.

수	1	2	3	4	5	6	7	8	9
한자	一	二	三	四	五	六	七	八	九

보기
| 九 | 六 | 四 | 七 |

답 _____

21년 상반기 HME 기출 유형

3 다음은 ● 모양 1개와 ▲ 모양 몇 개가 그려진 색 테이프의 일부분이 찢어진 것입니다. ● 모양이 오른쪽에서 넷째라면 찢어지기 전 색 테이프에는 ▲ 모양이 모두 몇 개 그려져 있었나요?

답 _____

4 그림에서 오른쪽으로 한 칸 갈 때마다 Ⅰ만큼 더 커지고, 아래로 한 칸 갈 때마다 Ⅰ만큼 더 작아집니다. ㉠에 알맞은 수를 구하세요.

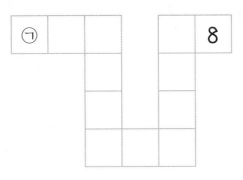

답 _____

20년 상반기 HME 기출 유형

5 민주, 은규, 지아는 같은 아파트에 살고 있습니다. 다음을 읽고 지아가 살고 있는 층은 몇 층인지 구하세요.

> • 민주는 **4**층에 살고 있습니다.
> • 민주는 은규보다 두 층 아래에서 살고 있습니다.
> • 은규는 지아보다 한 층 위에서 살고 있습니다.

답 _____

6 학생 **9**명이 달리기를 하고 있습니다. 민준이는 **6**등으로 달리고 있습니다. 민준이의 앞에서 달리는 학생과 민준이의 뒤에서 달리는 학생 중 어느 쪽 학생 수가 더 적은가요?

답 _____

1

9까지의 수

3

7 선균이는 혜진이에게 초콜릿을 3개, 사탕을 2개 받았습니다. 선균이는 사탕 2개를 혜진이의 초콜릿과 바꾸려고 합니다. 사탕 1개당 초콜릿 2개로 바꾸어 준다면 선균이는 초콜릿을 모두 몇 개 가지게 되나요?

답 _____

17년 상반기 HME 기출 유형

8 도훈이는 0부터 9까지의 수 중에서 하나를 생각하였습니다. 다음을 읽고 도훈이가 생각한 수를 쓰세요.

> ㉠ 1, 2, 4, 5, 7, 8 중에 있습니다.
> ㉡ 2, 3, 5, 6, 8, 9 중에 있습니다.
> ㉢ 1, 2, 3, 4, 5, 9 중에 없습니다.

답 _____

9 민규, 성재, 정국이 중에서 나이가 가장 많은 사람은 누구인가요?

> • 민규는 7살보다 많고 9살보다 적습니다.
> • 성재는 민규보다 2살 더 적습니다.
> • 정국이는 성재보다 3살 더 많습니다.

답 _____

수학 교과 역량_문제해결

10 예나와 미연이는 가위바위보를 해서 이기면 앞으로 2칸, 지면 뒤로 1칸 움직이기로 했습니다. 다음과 같이 가위바위보를 했을 때, 예나와 미연이가 각각 도착한 칸에 써 있는 수를 쓰세요. (단, 출발점에서 지면 움직이지 않습니다.)

순서	첫째	둘째	셋째	넷째	다섯째
예나	바위	바위	가위	보	가위
미연	보	가위	바위	가위	보

출발 3 7 4 8 5 2 6 1 도착

답 예나: _____ , 미연: _____

22년 상반기 HME 기출 유형

11 여섯 명이 다음과 같이 한 줄로 서 있습니다. 윤호 앞에는 모두 몇 명이 서 있는지 구하세요.

- 주희 앞에는 한 명이 서 있습니다.
- 장미와 현우 사이에는 한 명이 서 있습니다.
- 혜지는 윤호보다 앞에 있고, 혜지와 윤호 사이에는 2명이 서 있습니다.
- 유미는 맨 앞에 서 있지 않습니다.

답 _____

1 유진이가 쌓아 놓은 것은 아래에서 넷째에 파란색 책이 있습니다. 유진이가 쌓아 놓은 책 중에서 연두색 책과 빨간색 책 사이에 쌓아 놓은 책은 몇 권인 가요?

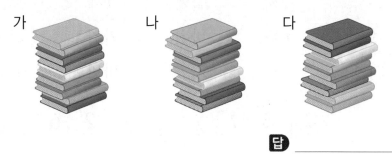

가   나   다

답 _____

수학 교과 역량_실생활 연결

2 종국이는 집에 들어갈 때마다 비밀번호 ㉠, ㉡, ㉢, ㉣을 순서대로 눌러 문을 엽니다. 종국이네 집 비밀번호가 다음과 같을 때, 종국이네 집의 비밀번호를 □ 안에 써넣으세요.

- ㉠에 들어갈 수는 팔이라고 읽어.
- ㉡에 들어갈 수는 4보다 1만큼 더 큰 수야.
- ㉢에 들어갈 수는 ㉠에 들어갈 수보다 1만큼 더 작은 수야.
- ㉣에 들어갈 수는 ㉡에 들어갈 수보다 1만큼 더 큰 수야.

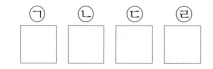

㉠   ㉡   ㉢   ㉣

3 명호, 준휘, 정한, 원우는 동시에 가위바위보를 하였습니다. 원우가 바위를 내어 혼자 이겼을 때 네 사람이 펼친 손가락은 모두 몇 개인지 구하세요.

답 _____

4 0부터 4까지 5개의 수가 있습니다. 이 중에서 4개를 골라 큰 수부터 순서대로 늘어놓으려고 합니다. 늘어놓을 수 있는 방법은 모두 몇 가지인가요?

답  _____

5 4층짜리 건물에 노란색, 빨간색, 파란색, 초록색 등을 한 층에 한 개씩 설치하였습니다. 다음을 읽고 초록색 등은 몇 층에 설치했는지 구하세요.

> • 노란색 등을 설치한 층보다 위에 3개의 등을 설치하였습니다.
> • 빨간색 등은 노란색 등보다 3층 위에 설치하였습니다.
> • 파란색 등은 빨간색 등보다 2층 아래에 설치하였습니다.

답  _____

6 지효와 소민이는 칭찬 붙임딱지를 몇 개씩 가지고 있습니다. 지효가 소민이에게 칭찬 붙임딱지 1개를 준다면 두 사람이 가지고 있는 칭찬 붙임딱지의 수가 같아집니다. 반대로 소민이가 지효에게 칭찬 붙임딱지 1개를 준다면 소민이는 지효보다 칭찬 붙임딱지를 몇 개 더 적게 가지게 되나요?

답 _____

1 쌓을 수도 있고 잘 굴러가는 모양의 물건은 모두 몇 개인가요?

답 _____

2 왼쪽 모양을 모두 사용하여 만들 수 있는 것을 찾아 기호를 쓰세요.

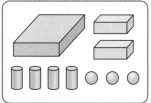
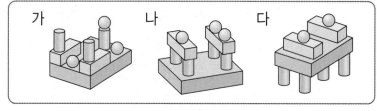

답 _____

여러 가지 모양

수학 교과 역량_실생활 연결

3 전기 자동차는 전기를 이용하여 움직이는 자동차입니다. 세 사람이 전기 자동차를 보고 자동차 모양을 만들었습니다. 세 모양을 만드는 데 공통으로 사용한 모양을 찾아 ○표 하세요.

지호　　　　　윤지　　　　　민아

(⬜ , 🔵 , ⚫)

4 상자 안에 물건 한 개가 들어 있습니다. 구멍을 통해 본 모양의 일부분을 보고 상자 안에 들어 있는 물건과 같은 모양을 찾아 기호를 쓰세요.

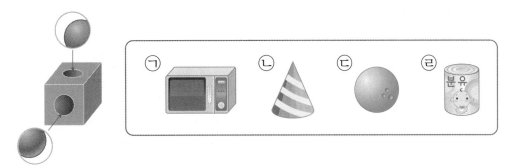

답 _____

5 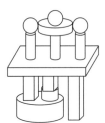 모양을 사용하여 오른쪽과 같은 모양을 만들었습니다. 만나는 모양끼리 서로 다른 색을 칠하려고 합니다. 색을 가장 적게 사용하여 모두 색칠한다면 몇 가지 색이 필요한가요?

답 _____

6 오른쪽 모양을 만들었더니 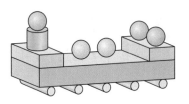 모양 2개, 모양 1개, 모양 1개가 남았습니다. 만들기 전에 있던 모양 중에서 가장 많은 모양은 가장 적은 모양보다 몇 개 더 많은가요?

답 _____

2

여러 가지 모양

9

1 유리네 교실에 있는 여러 가지 물건입니다. 평평한 부분이 있는 물건은 평평한 부분이 <u>없는</u> 물건보다 몇 개 더 많은가요?

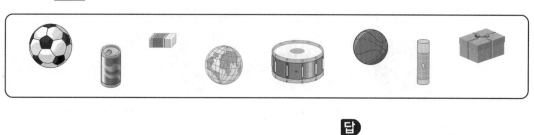

답 _____

수학 교과 역량_추론

2 🧊, 🥫, ⚪ 모양을 일정한 규칙에 따라 늘어놓은 것입니다. 가에 들어갈 모양과 같은 모양의 물건을 찾아 기호를 쓰세요.

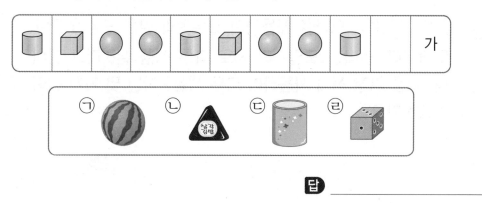

답 _____

수학 교과 역량_문제해결

3 일정한 규칙에 따라 모양을 만들고 있습니다. 빈 곳에 놓아야 할 🧊 모양과 🥫 모양은 각각 몇 개인가요?

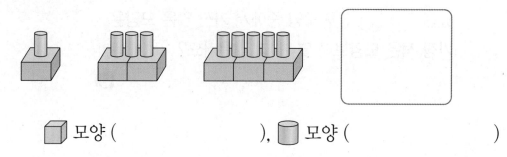

🧊 모양 (   ), 🥫 모양 (   )

▶ 정답과 해설 **36**쪽

4 지아는 오른쪽과 같은 모양을 만들려고 했더니
 모양이 **1**개,  모양이 **3**개 부족했습니다.
지아가 가지고 있는 모양 중에서 가장 많은 모양에
○표 하세요.

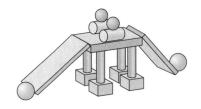

()

5 설명대로 쌓은 모양을 찾아 기호를 쓰세요.

둥근 부분도 있고 평평한 부분도 있는 모양 위에 뾰족한 부분이 있는 모양을 놓고 그 위에는 어느 방향으로도 잘 굴러갈 수 있는 모양을 올려놓았습니다.

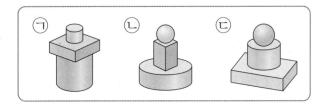

답 _____

수학 교과 역량_정보처리

6 낙타는 주로 사막에 살며 등에 혹이 나 있는 것이 특징입니다. 오른쪽 은서가
만든 낙타 모양에서 평평한 부분이 **2**개인 모양은 평평한 부분이 **6**개인 모양보다 몇 개 더 많은가요?

 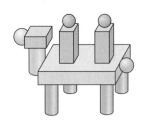

답 _____

1 성재는 정국이에게 풍선을 Ⅰ개 받았더니 성재가 가진 풍선이 8개가 되었습니다. 성재가 처음에 가지고 있던 풍선은 몇 개인가요?

답 _____

┌ 수학 교과 역량_실생활 연결

2 거문고, 해금, 아쟁은 우리나라 음악을 연주할 때 사용하는 악기로 줄을 울려 소리를 내는 악기입니다. 이러한 악기를 현명악기라고 합니다. 줄의 수가 가장 많은 악기는 줄의 수가 가장 적은 악기보다 몇 줄 더 많은가요?

거문고	해금	아쟁
6줄	2줄	8줄

답 _____

┌ 19년 상반기 HME 기출 유형

3 같은 모양은 같은 수를 나타낼 때 ■에 알맞은 수를 구하세요.

$$★ - ■ = ■ \qquad ★ + ■ = 9$$

답 _____

4 하린이가 산에서 본 나무의 나이테입니다. 나무 **2**개의 나이테 수의 합이 같은 것은 무엇과 무엇인지 찾아 기호를 쓰세요.

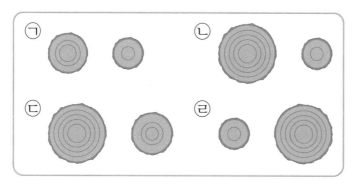

나이테는 나무를 잘랐을 때 보이는 둥근 테야!

하린

답 _____

5 팽이를 형은 **1**개, 동생은 **7**개 가지고 있습니다. 형과 동생의 팽이 수가 같아지려면 동생은 형에게 팽이를 몇 개 주어야 하나요?

▲ 팽이

답 _____

6 지효와 유미가 가지고 있는 **2**개의 도미노가 각각 다음과 같습니다. 지효와 유미가 각각 가지고 있는 두 도미노의 눈의 수의 차가 같을 때 빈 곳에 그려야 할 도미노의 눈의 수를 구하세요.

지효

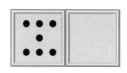

유미

답 _____

7 다음 ㉠과 ㉡의 식에서 수를 하나씩 지워 두 식의 결과가 같게 만들려고 합니다. 두 식에서 필요 <u>없는</u> 수에 ×표 하세요.

㉠ 8−6−2   ㉡ 1+3+5

8 진수와 예은이가 2개의 주사위를 각각 한 번씩 던져 나온 눈의 수의 합이 모두 7입니다. 진수가 던져 나온 눈의 수의 차는 3이고 예은이가 던져 나온 눈의 수의 차는 1입니다. 진수와 예은이가 주사위를 던져 나온 눈의 수를 각각 구하세요.

답 진수: _____ , 예은: _____

9 모아서 9가 되는 세 수를 쓴 종이가 찢어져 두 수가 보이지 않습니다. 보이지 않는 두 수의 차가 4일 때 보이지 않는 두 수를 각각 구하세요. (단, 보이지 않는 수는 1보다 크거나 같은 수입니다.)

3

답 _____

▶ 정답과 해설 **36**쪽

10 형과 동생이 사탕 **7**개와 초콜릿 **9**개를 나누어 가지려고 합니다. 사탕은 형이 더 많이 가지고, 초콜릿은 동생이 더 많이 가지려고 합니다. 형이 가진 사탕과 초콜릿의 수가 같을 때 형이 가진 사탕은 몇 개인가요?

11 은혜, 정호, 시연이가 귤을 각각 **8**개, **4**개, **7**개 가지고 있습니다. 그중에서 은혜는 **5**개를 먹고, 정호가 몇 개, 시연이가 몇 개를 먹어 세 사람에게 남은 귤의 수의 합은 **7**개가 되었습니다. 정호에게 남은 귤이 시연이에게 남은 귤보다 **2**개 더 적을 때, 정호가 먹은 귤은 몇 개인가요?

1 수 카드 9장 중에서 2장을 뽑아 두 수의 차가 3인 뺄셈식을 만들려고 합니다. 만들 수 있는 뺄셈식은 모두 몇 가지인가요?

답 _____

수학 교과 역량_실생활 연결

2 종이의 반쪽에 물감으로 그린 후 반으로 접었다가 펴서 양쪽에 똑같은 무늬를 만드는 것을 데칼코마니 기법이라고 합니다. 다음 그림을 데칼코마니 기법으로 완성했을 때 ○ 모양과 △ 모양은 몇 개 차이가 나는지 구하세요.

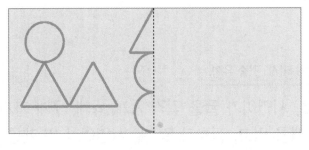

답 _____

3 다음을 읽고 ㉠에 알맞은 수를 구하세요.

> • ㉠은 5보다 작습니다.
> • 1과 ◆를 모으기하면 ㉠이 됩니다.
> • ◆는 2보다 크고 7보다 작습니다.

답 _____

4 선생님께서 서준이와 우식이에게 초콜릿 8개를 나누어 주셨습니다. 서준이가 가지고 있던 초콜릿 2개를 우식이에게 주었더니 두 사람이 가진 초콜릿의 개수가 같아졌습니다. 선생님이 처음 우식이에게 나누어 주신 초콜릿은 몇 개 인가요?

답

5 딸기 맛 쿠키 5개와 치즈 맛 쿠키 2개가 있었습니다. 이 쿠키를 두 사람이 같은 개수만큼 나누어 가졌더니 1개가 남았습니다. 한 사람이 가진 쿠키는 몇 개인지 구하세요.

답

6 ㉮ 주머니에 빨간색 공 3개와 초록색 공 3개가 들어 있었고, ㉯ 주머니에 빨간색 공 2개와 노란색 공 2개가 들어 있었습니다. ㉯ 주머니에서 공을 몇 개 꺼내어 ㉮ 주머니에 넣었더니 ㉯ 주머니에 공이 1개 남았습니다. 지금 ㉮ 주머니에 들어 있는 공은 모두 몇 개인가요?

㉮  ㉯

답

1 색연필보다 더 짧은 물건을 모두 찾아 이름을 쓰세요.

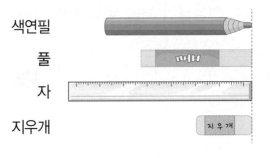

색연필

풀

자

지우개

답 _____

2 같은 낚싯대로 물고기를 잡았습니다. 가장 가벼운 물고기의 이름을 쓰세요.

잉어   고등어   참돔

답 _____

수학 교과 역량_실생활 연결

3 영규네 가족이 밭에 고구마, 고추, 감자를 심었습니다. 작은 한 칸의 크기가 모두 같고, 같은 색의 칸에는 같은 것을 심었습니다. 심은 밭이 넓은 것부터 차례로 쓰세요.

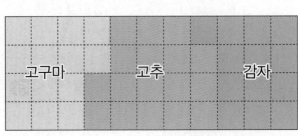

고구마   고추   감자

답 _____

비교하기

▶ 정답과 해설 38쪽

4 왼쪽 양동이에 물을 가득 채우려고 합니다. ㉠, ㉡, ㉢ 세 컵에 물을 가득 담아 각각 부을 때 붓는 횟수가 가장 많은 컵의 기호를 쓰세요.

답 _____

5 승준, 수아, 가은, 선호가 시소를 타고 있습니다. 가장 무거운 사람은 누구인 가요?

승준   수아   가은   수아   승준   가은   가은   선호

답 _____

6 건물 4개의 높이를 비교했습니다. 다음을 읽고 세 번째로 낮은 건물은 무엇 인지 쓰세요.

• 학교 건물은 병원 건물보다 더 낮고, 우체국 건물보다 더 높습니다.
• 소방서 건물은 우체국 건물보다 더 낮습니다.

답 _____

1 키가 큰 순서대로 이름을 쓰세요.

현지   정호   재준   유라

답 _____

2 지연, 민호, 유정이가 모양과 크기가 같은 컵에 물을 가득 채워 마시고 남은 것입니다. 물을 가장 많이 마신 사람은 누구인가요?

지연   민호   유정

답 _____

3 색칠한 부분이 넓은 것부터 차례로 기호를 쓰세요.

가 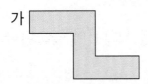   나 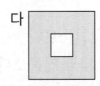   다

> 같은 크기의 칸으로 나누어 넓이를 비교해 봐.

답 _____

4 물이 담긴 비커에 구슬을 한 개 넣었더니 물의 높이가 보기 와 같이 높아졌습니다. 보기 와 모양과 크기가 같은 비커 가와 나에 물이 각각 들어 있고, 가에 구슬 2개를 넣었을 때 물의 높이가 다음과 같았습니다. 비커 가와 나 중 물이 더 많이 들어 있는 비커의 기호를 쓰세요.

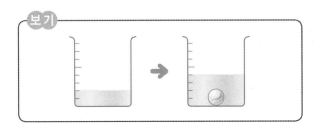

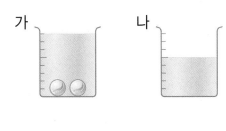

답 _____

5 같은 색의 구슬의 무게는 같습니다. 그림을 보고 바르게 설명하지 <u>않은</u> 사람의 이름을 쓰세요.

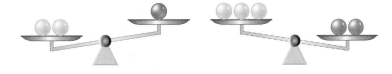

> • 유진: 노란색 구슬 5개는 빨간색 구슬 2개보다 더 무거워.
> • 세호: 파란색 구슬 4개는 빨간색 구슬 3개보다 더 무거워.
> • 지민: 노란색 구슬 7개는 파란색 구슬 4개보다 더 가벼워.

답 _____

1 두 접시에 놓인 만두를 진아와 소희가 똑같이 나누어 먹으려고 합니다. 진아가 먹을 수 있는 만두는 몇 개인지 구하세요.

답 _____

수학 교과 역량_실생활 연결

2 다음 건물의 비밀번호는 8과 13 사이에 있는 수를 차례로 쓴 수입니다. 이 건물에 들어가려면 숫자 버튼을 모두 몇 번 눌러야 하나요?

답 _____

3 수 배열표의 일부가 찢어진 것입니다. 규칙을 찾아 ㉠에 알맞은 수를 구하세요.

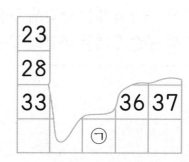

답 _____

13년 하반기 HME 기출 유형

4 어느 야구 선수가 자신의 등번호를 설명한 것입니다. 이 선수의 등번호는 몇 번인가요?

내 번호는
11보다 크고
20보다 작아.

10개씩 묶음의 수는
낱개의 수보다
4만큼 더 작아.

답 _____

5 정하와 소연이가 각각 주사위를 2개 던져 나온 눈입니다. 나온 눈의 수를 한 번씩만 사용하여 몇십몇을 만들려고 합니다. 더 큰 수를 만들 수 있는 사람은 누구인가요?

답 _____

6 가지, 당근, 오이 중에서 가장 적게 있는 채소는 무엇인지 쓰세요.

가지	당근	오이
47개	마흔다섯 개	10개씩 3봉지와 낱개 16개

답 _____

15년 하반기 HME 기출 유형

7 올해 예지의 어머니의 나이는 41살이고, 아버지의 나이는 어머니보다 2살 더 많습니다. 예지는 아버지 생일 케이크에 꽂을 큰 초와 작은 초를 준비하려고 합니다. 큰 초와 작은 초를 합해서 적어도 몇 개 준비하면 되나요?

(단, 큰 초 1개는 10살, 작은 초 1개는 1살을 나타냅니다.)

답 _____

10년 하반기 HME 기출 유형

8 지윤이네 모둠 어린이들이 가지고 있는 색종이의 수입니다. 색종이를 서진이가 세 번째로 많이 가지고 있다면 0부터 9까지의 수 중에서 □ 안에 알맞은 수를 구하세요. (단, 네 어린이가 가지고 있는 색종이의 수는 다릅니다.)

지윤	서진	민석	채은
38	3□	41	36

답 _____

수학 교과 역량_실생활 연결

9 가장 무거운 사람이 말한 수를 구하세요.

윤아   재호   윤아   현서

> 윤아: 30보다 1만큼 더 작은 수
> 재호: 42와 44 사이에 있는 수
> 현서: 37보다 2만큼 더 큰 수

 답 _____

10 세 가지 조건을 모두 만족하는 수를 구하세요.

> ① 19보다 크고 28보다 작습니다.
> ② 10개씩 묶음 2개와 낱개 3개인 수보다 큰 수입니다.
> ③ 10개씩 묶음의 수와 낱개의 수의 합이 7입니다.

 답 _____

1 소연이는 구슬을 10개씩 묶음 3개와 낱개 18개를 가지고 있습니다. 이 중에서 10개씩 묶음 4개를 친구에게 주었습니다. 남은 구슬은 몇 개인가요?

답 _____

수학 교과 역량_실생활 연결

2 옛날 로마 사람들은 다음 방법으로 수를 나타냈습니다. 예를 들어 XII는 X가 10, II가 2를 나타내므로 12입니다. □ 안에 ㉠, ㉡, ㉢이 각각 나타내는 수를 써넣고, 큰 수부터 차례로 기호를 쓰세요.

I	II	III	IV	V	VI	VII	VIII	IX	X
1	2	3	4	5	6	7	8	9	10

㉠ XXI ➡ ☐   ㉡ XVI ➡ ☐   ㉢ XIX ➡ ☐

답 _____

3 1부터 9까지의 수 중에서 ▲에 공통으로 들어갈 수 있는 수를 모두 구하세요.

- ▲5는 34보다 작습니다.
- 44는 4▲보다 큽니다.

답 _____

4 수를 모으기와 가르기한 것입니다. ㉠과 ㉡에 알맞은 수를 모으면 얼마인가요?

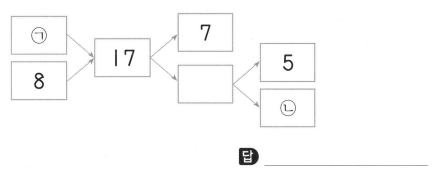

답 _____

5 각각 다른 규칙으로 수를 늘어놓은 것입니다. ㉠, ㉡, ㉢ 중 가장 작은 수를 찾아 기호를 쓰세요.

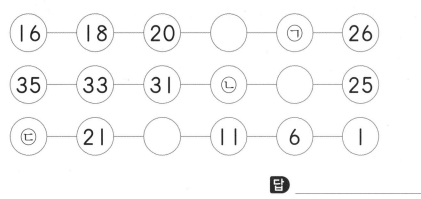

답 _____

6 22와 ㉠ 사이에 있는 수는 모두 5개이고, ㉡과 36 사이에 있는 수는 모두 4개입니다. ㉠보다 크고 ㉡보다 작은 수를 모두 쓰세요. (단, ㉠은 22보다 크고 ㉡은 36보다 작습니다.)

답 _____

1 화살표의 규칙에 맞게 ㉠에 알맞은 수를 구하세요.

규칙

→ Ⅰ만큼 더 큰 수
↓ Ⅰ만큼 더 작은 수

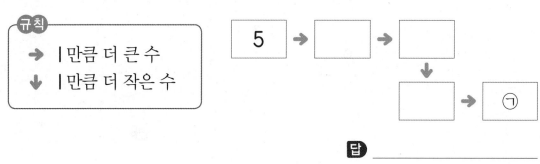

답 _____

2 재현이와 동생이 붕어빵 8개를 남김없이 나누어 먹으려고 합니다. 재현이가 동생보다 더 많게 나누어 먹는 방법은 모두 몇 가지인가요? (단, 재현이와 동생은 각각 붕어빵을 적어도 한 개씩은 먹습니다.)

답 _____

3 물이 담긴 그릇을 막대로 두드리면 물이 적게 담길수록 높은 소리가 납니다. 막대로 그릇을 두드렸을 때 가장 높은 소리가 나는 그릇을 찾아 기호를 쓰세요.

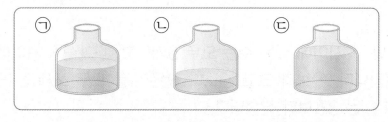

답 _____

4 다음을 보고 재하의 나이는 몇 살인지 구하세요.

> • 유진이의 나이는 6살보다 많고 8살보다 적습니다.
> • 서연이의 나이는 유진이보다 2살 더 많습니다.
> • 재하의 나이는 유진이의 나이보다 많고 서연이의 나이보다 적습니다.

답 _____

5 벼룩시장은 쓸만한 물건들을 가져와서 팔거나 서로 물건을 교환하는 곳입니다. 지수와 은채가 벼룩시장에 가져온 물건들을 보고 <u>잘못</u> 설명한 것을 찾아 기호를 쓰세요.

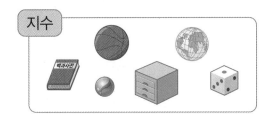

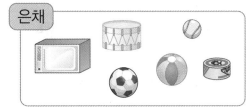

> ㉠ 지수는 모양을 가져오지 않았습니다.
> ㉡ ⬤ 모양은 지수가 더 많습니다.
> ㉢ ⬛ 모양은 은채가 더 적습니다.

답 _____

6 지아는 오른쪽과 같은 모양을 만들려고 했더니 ⬜ 모양이 1개, ⚫ 모양이 2개 부족했습니다. 지아가 가지고 있는 ⬜, ⬛, ⚫ 모양은 각각 몇 개인가요?

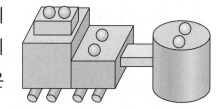

답 ⬜ : _____ , ⬛ : _____ , ⚫ : _____

7 성현이와 지은이는 과녁맞히기 놀이를 하였습니다. 누가 몇 점을 더 많이 얻었는지 차례로 쓰세요.

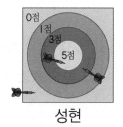

성현

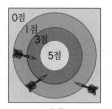

지은

답 _____ , _____

8 다음과 같은 규칙을 보고 ●●●★■■■■이 나타내는 수를 구하세요.

■	★■	●■■■■	●★■	●●★
1	6	13	16	25

답 _____

9 지아, 영우, 재민이가 자전거를 타고 이동한 거리입니다. 이동한 거리가 가장 먼 사람부터 차례로 이름을 쓰세요. (단, ☐ 한 칸의 길이는 모두 같습니다.)

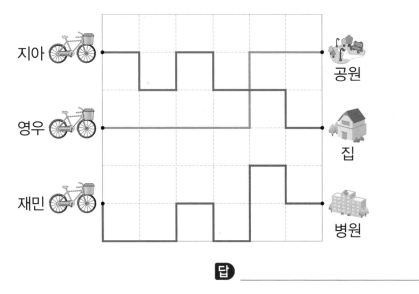

답 _____

10 어린이 마라톤 대회에 50명의 어린이들이 참석했습니다. 번호표에 1번부터 50번까지의 번호를 각각 써서 등에 붙이려고 합니다. 번호를 쓸 때 숫자 3은 모두 몇 번 쓰게 되나요?

답 _____

MEMO

초등 문해력
독해가 힘이다
문장제 수학편

말장제
문해력 어휘 백과
꼼꼼 어휘
조건과 구하려는 것

5-A 문장제 수학편

🔍 문해력을 키우면 정답이 보인다

초등 문해력 독해가 힘이다
문장제 수학편 (초등 1~6학년 / 단계별)

짧은 문장 연습부터 긴 문장 연습까지 문장을 읽고 이해하며 해결하는 연습을 하여
수학 문해력을 길러주는 문장제 연습 교재

book.chunjae.co.kr

교재 내용 문의 ·················· 교재 홈페이지 ▶ 초등 ▶ 교재상담
교재 내용 외 문의 ·············· 교재 홈페이지 ▶ 고객센터 ▶ 1:1문의
발간 후 발견되는 오류 ·········· 교재 홈페이지 ▶ 초등 ▶ 학습지원 ▶ 학습자료실

수학의 자신감을 키워 주는 **초등 수학 교재**

난이도 한눈에 보기!

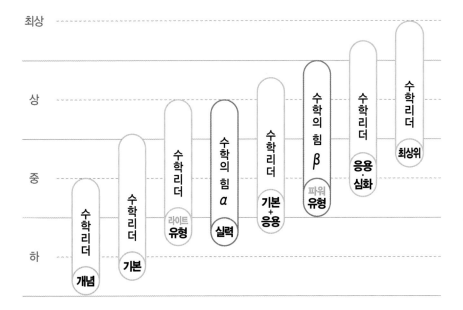

최상

상

중

하

| 수학리더 **개념** | 수학리더 **기본** | 수학리더 라이트 **유형** | 수학의 힘 α **실력** | 수학리더 **기본+응용** | 수학의 힘 β 파워 **유형** | 수학리더 **응용·심화** | 수학리더 **최상위** |

차세대 리더

시험 대비교재

● **올백 전과목 단원평가**　　　　　　　1〜6학년/학기별
　　　　　　　　　　　　　　　　　(1학기는 2〜6학년)

● **HME 수학 학력평가**　　　　　　　　1〜6학년/상·하반기용

● **HME 국어 학력평가**　　　　　　　　1〜6학년

논술·한자교재

● **YES 논술**　　　　　　　　　　　　1〜6학년/총 24권

● **천재 NEW 한자능력검정시험 자격증 한번에 따기**　8〜5급(총 7권) / 4급〜3급(총 2권)

영어교재

● **READ ME**
– Yellow 1〜3　　　　　　　　　　　2〜4학년(총 3권)
– Red 1〜3　　　　　　　　　　　　4〜6학년(총 3권)

● **Listening Pop**　　　　　　　　　Level 1〜3

● **Grammar, ZAP!**
– 입문　　　　　　　　　　　　　　1, 2단계
– 기본　　　　　　　　　　　　　　1〜4단계
– 심화　　　　　　　　　　　　　　1〜4단계

● **Grammar Tab**　　　　　　　　　　총 2권

● **Let's Go to the English World!**
– Conversation　　　　　　　　　　1〜5단계, 단계별 3권
– Phonics　　　　　　　　　　　　총 4권

예비중 대비교재

● **천재 신입샘 시리즈**　　　　　　　　수학 / 영어

● **천재 반편성 배치고사 기출 & 모의고사**

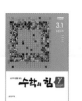

수학의 힘[감마]

수학리더[최상위]

최상

심화

수학의 힘[베타]

수학리더
[응용·심화]

수학리더
[기본+응용]

수학도
독해가 힘이다

초등 문해력
독해가 힘이다
[문장제 수학편]

유형

수학리더[유형]

수학의 힘[알파]

수학리더[개념]

수학리더[기본]

개념

계산박사

수학리더[연산]

기초
연산

최하

초등 수학
라인업

New
해법 수학

학기별 1~3호   방학 개념 학습

GO! 매쓰
시리즈

Start/Run A–C/Jump

평가 대비
특화 교재

단원 평가   HME 수학   예비 중학
마스터   학력평가   신입생 수학

book.chunjae.co.kr

수학리더 응용·심화

해법 ★천하

22개정 교육과정 반영

BOOK 3

1-1

리더가 되기 위한
공부 비법

BOOK 1
심화북
실력·응용 문제
+ 문제 해결력 완성

BOOK 2
경시 대비북
상위권 도전 문제
+ 경시대회 예상 문제

천재교육

해법전략
포인트 **3**가지

▶ 혼자서도 이해할 수 있는 친절한 문제 풀이

▶ 참고, 주의, 중요, 전략 등 자세한 풀이 제시

▶ 다른 풀이를 제시하여 다양한 방법으로 문제 풀이 가능

심화북 **정답과 해설**

1 9까지의 수

1단계 기본 유형 연습

1 3

2 넷, 사

3 ○○ / 2

4 ○○○ / 3

5

6 예

7 오

8 9

9 7, 3

10 ( )(○)

11 8, 6, 9

12 예

6	○○○○○○○○○○
9	○○○○○○○○○○

13 8 / 여덟, 팔

14 6 / 예

15

16 사자

17

4	♡♡♡♡♡♡♡♡♡♡
넷째	♡♡♡♡♡♡♡♡♡♡

18

9	◇◇◇◇◇◇◇◇◇◇
아홉째	◇◇◇◇◇◇◇◇◇◇

19

20 ( )(○)

21 일곱째

22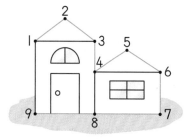

23

24

25

26

27 4

28 5

29 7, 9

30 3, 5

31 5, 7

32 3마리

33 2, 1, 0

34 0, 1, 2, 3

35 2, 0, 3, 1

36 0개

37 예

/ 큽니다에 ○표, 작습니다에 ○표

38 ( )(○)

39 5

40 8, 9

41 적습니다에 ○표 / 7, 작습니다에 ○표

42

43 연주

6 고래가 l마리이므로 l개만 색칠합니다.

7 5층 ➡ 오 층

> **주의**
> 오를 '다섯'으로 읽는 경우와 '오'로 읽는 경우를 구분하도록 합니다.

14 호랑이를 세어 보면 여섯이므로 6입니다.
●를 하나부터 여섯까지 세어 묶습니다.

17 보기 에서 3은 수를 나타내므로 왼쪽에서부터 세어
○ 3개를 색칠한 것이고 셋째는 순서를 나타내므로
왼쪽에서부터 세어 셋째 ○에만 색칠한 것입니다.
4는 수를 나타내므로 ♡를 4개 색칠합니다.
넷째는 순서를 나타내므로 넷째 ♡에만 색칠합니다.

20 아래에서부터 순서대로 세어 넷째에 있는 책의 색깔
을 알아봅니다. ➡ 왼쪽: 노란색, 오른쪽: 파란색

> **다른 풀이**
> 파란색 책의 위치를 알아봅니다.
> 왼쪽: 아래에서 여섯째, 오른쪽: 아래에서 넷째

> **주의**
> 위에서부터가 아니라 아래에서부터 순서대로 세어야 합니다.

21 여섯째 다음은 일곱째입니다.
➡ 소미는 앞에서부터 일곱째에 서 있습니다.

27 l부터 5까지의 수를 순서대로 쓰면
l─2─3─4─5입니다. 주어진 카드 중에서 4가
빠져 있으므로 빈 카드에 알맞은 수는 4입니다.

28 9부터 순서를 거꾸로 세어 보면
9─8─7─6─5─…이므로 6 다음에 세는 수는
5입니다.

30 아이스크림의 수는 4입니다.
4보다 l만큼 더 작은 수는 3이고 4보다 l만큼 더
큰 수는 5입니다.

32 2보다 l만큼 더 큰 수는 3입니다.
따라서 벌은 모두 3마리가 되었습니다.

36 쿠키 8개를 모두 먹었으므로 남은 쿠키가 없습니다.
아무것도 없는 것을 0이라고 합니다.

38 밤은 5개, 귤은 4개, 토마토는 7개입니다.
4부터 순서대로 수를 쓰면 4─5─6─7이므로
5보다 큰 수는 7입니다.
➡ 밤의 수보다 많은 것은 토마토입니다.

40 7보다 작은 수: l, 2, 3, 4, 5, 6
7보다 큰 수: 8, 9

> **참고**
> 1부터 9까지의 수를 순서대로 썼을 때 7보다 큰 수는
> 7 다음에 쓴 수들입니다.

42
> **전략**
> 기준이 되는 수보다 앞에 있으면 작은 수, 뒤에 있으면
> 큰 수입니다.

수를 순서대로 쓰면 0, 2, ③, 7, 8입니다.
0과 2는 3보다 작은 수이고 7과 8은 3보다 큰 수
입니다.

43 8은 6보다 큽니다.
➡ 색연필을 더 많이 가지고 있는 사람은 연주입니다.

14~15쪽 1단계 기본 ➕유형 완성

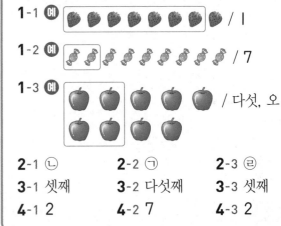

1-1 예 🍓🍓🍓🍓🍓🍓🍓 🍓 / l

1-2 예 🍬🍬🍬🍬🍬🍬🍬 / 7

1-3 예 🍎🍎 🍎🍎🍎 / 다섯, 오
🍎🍎🍎🍎

2-1 ⓒ	2-2 ㉠	2-3 ㉣
3-1 셋째	3-2 다섯째	3-3 셋째
4-1 2	4-2 7	4-3 2

1-1 하나부터 일곱까지 세어 묶고, 묶지 않은 딸기를 세어
보면 하나이므로 l입니다.

1-3 하나부터 넷까지 세어 묶고, 묶지 않은 사과를 세어
보면 다섯이므로 5이고, 5는 다섯, 오라고 읽습니다.

2-1 ㉠ 구슬을 세어 보면 여섯이므로 6입니다.
ⓒ 일곱 ➡ 7
ⓒ 5보다 l만큼 더 큰 수는 6입니다.
따라서 나타내는 수가 6이 아닌 것은 ⓒ입니다.

2-3 ㉠ 칠 ➡ 7　㉡ 일곱 ➡ 7

㉢ 구슬을 세어 보면 일곱이므로 7입니다.

㉣ 8보다 1만큼 더 큰 수는 9입니다.

따라서 나타내는 수가 7이 아닌 것은 ㉣입니다.

3-3 빨간색과 주황색 깃발 사이에 있는 깃발은 분홍색입니다.

오른쪽에서부터 순서대로 세면 분홍색 깃발은 오른쪽에서 셋째에 있습니다.

4-1
```
    ────1만큼 더 큰 수───▶
[ 2 ]                    [ 3 ]
    ◀───1만큼 더 작은 수──
```

4-3
```
    ────1만큼 더 큰 수───▶
[ 3 ]                    [ 4 ]
    ◀───1만큼 더 작은 수──
```
➡ 3보다 1만큼 더 작은 수는 2입니다.

16~19쪽 ②단계 실력 유형 연습

1 나비

2
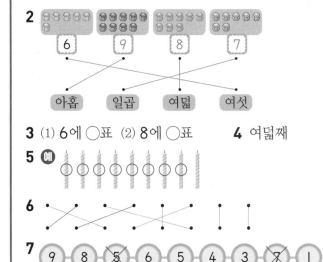
```
  6      9      8      7
   ╲    ╱  ╲  ╱  ╲    │
    ╲  ╱    ╲╱    ╲   │
 아홉   일곱   여덟   여섯
```

3 (1) 6에 ○표　(2) 8에 ○표　　**4** 여덟째

5 예

6
```
· · · · · · · ·
 ╲ ╱ ╲ ╱ ╲ │ │
  ╳   ╳   ╲ │ │
 ╱ ╲ ╱ ╲ ╱ │ │
· · · · · · · ·
```

7 ⑨ ⑧ ⑤̸ ⑥ ⑤ ④ ③ ⑦̸ ①
```
        7              2
```

8 5, 6, 7　　　　　　　**9** 다섯째

10 예 1, 8 / 일, 여덟

11 7에 ○표, 0에 △표　　**12** 4명

13 3, 5, 7, 2, 6　　　　**14** 6자루

15 (1) (앞) ○○○○◍○○○○ (뒤)

　　 (2) (앞) ○○○○◍○○○○ (뒤)

　　 (3) 여섯째

---

3 수를 순서대로 쓰면

1 − 2 − 3 − ④ − 5 − ⑥ − ⑦ − 8 − 9입니다.

(1) 6은 4보다 큽니다.

(2) 8은 7보다 큽니다.

4

첫째　둘째　셋째　넷째　다섯째　여섯째　일곱째　여덟째　아홉째

모자를 쓴 사람은 왼쪽에서 여덟째에 서 있습니다.

8 금붕어의 수를 세어 보면 여섯이므로 6입니다.

6보다 1만큼 더 작은 수는 5이고, 6보다 1만큼 더 큰 수는 7입니다.

9 위에서부터 순서대로 세면 셋째 서랍은 보라색 서랍이고 보라색 서랍을 아래에서부터 순서대로 세면 아래에서 다섯째 서랍입니다.

11

전략
수를 순서대로 썼을 때 가장 앞에 있는 수가 가장 작은 수이고 가장 뒤에 있는 수가 가장 큰 수입니다.

수를 순서대로 쓰면

⓪ − 1 − ② − 3 − 4 − ⑤ − 6 − ⑦이므로

가장 큰 수는 7이고, 가장 작은 수는 0입니다.

12 재호네 가족은 3명이고 3보다 1만큼 더 큰 수는 4입니다.

➡ 동생 한 명이 태어나면 재호네 가족은 4명이 됩니다.

14 7보다 1만큼 더 작은 수는 6이므로 태연이가 가지고 있는 연필은 6자루입니다.

15 (1), (2)
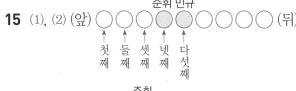
```
            준휘 민규
(앞) ○○○●○●○○○○ (뒤)
     ↑ ↑ ↑ ↑ ↑
     첫 둘 셋 넷 다
     째 째 째 째 섯
                째
```
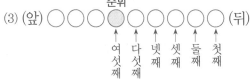
```
       준휘
(3) (앞) ○○○●○○○○○○ (뒤)
         ↑   ↑ ↑ ↑ ↑ ↑
         여  다 넷 셋 둘 첫
         섯  섯 째 째 째 째
         째  째
```

20~25쪽 3단계 심화 유형 연습

심화 1 ❶ 0, 2, 4, 5, 6 ❷ 5
1-1 3   **1-2** 7
심화 2 ❶ ( )(○)( ) ❷ 5개
2-1 2개   **2-2** 9개

심화 3 ❶ 7살 ❷ 8살
3-1 7살   **3-2** 은채
심화 4 ❶ ㄹ, ㅅ ❷ 2명
4-1 4명   **4-2** 3명

심화 5 ❶ 5, 6, 7, 8, 9 ❷ 1, 2, 3, 4, 5
❸ 5
5-1 7   **5-2** 8, 9
심화 6 ❶ (앞) ○ ○ ○ ⬤   ○   (뒤)
                                준서
❷ 5명
6-1 7명   **6-2** 9명

심화 1 ❶ 주어진 수를 작은 수부터 순서대로 쓰면 0, 2, 4, 5, 6입니다.
❷

0	2	4	5	6
첫째	둘째	셋째	넷째	다섯째

➡ 왼쪽에서 넷째에 쓰는 수는 5입니다.

1-1 ❶ 주어진 수를 작은 수부터 순서대로 쓰면 1, 3, 4, 5, 8입니다.
❷

1	3	4	5	8
첫째	둘째	셋째	넷째	다섯째

➡ 왼쪽에서 둘째에 쓰는 수는 3입니다.

1-2 ❶ 3부터 9까지의 수를 순서를 거꾸로 세어 쓰면 9, 8, 7, 6, 5, 4, 3입니다.
❷

9	8	7	6	5	4	3
일곱째	여섯째	다섯째	넷째	셋째	둘째	첫째

➡ 오른쪽에서 다섯째에 쓴 수는 7입니다.

심화 2 ❶ 현주가 보를 내어 이겼으므로 승현이는 바위를 낸 것입니다.
❷ 현주가 펼친 손가락은 5개, 승현이가 펼친 손가락은 0개입니다.
➡ 두 사람이 펼친 손가락을 세면 모두 5개입니다.

2-1 ❶ 승관이가 바위를 내어 이겼으므로 민우는 가위를 낸 것입니다.
❷ 승관이가 펼친 손가락은 0개, 민우가 펼친 손가락은 2개입니다.
➡ 두 사람이 펼친 손가락을 순서대로 세면 모두 2개입니다.

2-2 ❶ 은영이와 진우가 가위를 내어 준서가 졌으므로 준서는 보를 낸 것입니다.

참고

은영   진우   준서

❷ 세 사람이 펼친 손가락을 순서대로 세면
○○ ○○ ○○○○○ 로 모두 9개입니다.
가위 가위   보

심화 3 ❶ 6보다 1만큼 더 큰 수는 7이므로 정한이는 7살입니다.
❷ 7보다 1만큼 더 큰 수는 8이므로 민규는 8살입니다.

3-1 ❶ 9보다 1만큼 더 작은 수는 8이므로 창섭이는 8살입니다.
❷ 8보다 1만큼 더 작은 수는 7이므로 은지는 7살입니다.

3-2 ❶ 6보다 1만큼 더 큰 수는 7이므로 혜리는 7살입니다.
❷ 7보다 2만큼 더 작은 수는 5이므로 은채는 5살입니다.
❸ 작은 수부터 순서대로 쓰면 5, 6, 7이므로 나이가 가장 적은 사람은 은채입니다.

심화 4 ❶ (앞)   (뒤)

㉠	㉡	㉢	㉣	㉤	㉥	㉦	㉧	㉨
첫째	둘째	셋째	넷째	다섯째	여섯째	일곱째	여덟째	아홉째

❷ 앞에서 넷째 학생과 일곱째 학생 사이에는 다섯째, 여섯째 학생이 있으므로 2명이 서 있습니다.

4-1 ❶ (왼쪽)   (오른쪽)

가	나	다	라	마	바	사	아	자
첫째	둘째	셋째	넷째	다섯째	여섯째	일곱째	여덟째	아홉째

❷ 왼쪽에서 셋째 선수와 여덟째 선수 사이에는 넷째, 다섯째, 여섯째, 일곱째 선수가 있으므로 4명이 서 있습니다.

4-2 1 (앞) ○ ○ ○ ○ ○ ○ ○ ○ ○ (뒤)

첫째 둘째 혜수
지우 넷째 셋째 둘째 첫째

2 뒤에서 넷째에 있는 학생은 앞에서 여섯째에 서 있는 것과 같으므로 혜수는 앞에서 여섯째에 서 있습니다.

3 앞에서 둘째에 있는 지우와 여섯째에 있는 혜수 사이에는 셋째, 넷째, 다섯째 학생이 있으므로 지우와 혜수 사이에는 3명이 서 있습니다.

심화 5 1 4는 ㉠보다 작습니다.
➜ ㉠은 4보다 크므로 ㉠에 들어갈 수 있는 수는 5, 6, 7, 8, 9입니다.

2 ㉡은 6보다 작습니다.
➜ ㉡에 들어갈 수 있는 수: 1, 2, 3, 4, 5

3 ㉠과 ㉡에 공통으로 들어갈 수 있는 수: 5

5-1 1 8은 ㉠보다 큽니다.
➜ ㉠은 8보다 작으므로 ㉠에 들어갈 수 있는 수는 1, 2, 3, 4, 5, 6, 7입니다.

2 ㉡은 6보다 큽니다.
➜ ㉡에 들어갈 수 있는 수는 7, 8, 9입니다.

3 ㉠과 ㉡에 공통으로 들어갈 수 있는 수: 7

5-2 1 ㉠은 5보다 큽니다.
➜ ㉠에 들어갈 수 있는 수는 6, 7, 8, 9입니다.

2 7은 ㉡보다 작습니다.
➜ ㉡은 7보다 크므로 ㉡에 들어갈 수 있는 수는 8, 9입니다.

3 ㉠과 ㉡에 공통으로 들어갈 수 있는 수: 8, 9

심화 6 1 준서가 앞에서 넷째, 뒤에서 둘째에 있게 ○를 그립니다.

2 ○를 세어 보면 5개이므로 준서네 모둠 학생은 모두 5명입니다.

6-1 1 (앞) ○ ○ ○ ○ ○ ○ ○ (뒤)
다현

2 ○를 세어 보면 7개이므로 다현이네 모둠 학생은 모두 7명입니다.

6-2 1 (앞) ○ ○ ○ ○ ○ ○ ○ ○ ○ (뒤)
소희
혜수

2 ○를 세어 보면 9개이므로 소희네 모둠 학생은 모두 9명입니다.

다른 풀이
앞에서 둘째에 서 있으므로 소희의 앞에는 1명이 서 있습니다. 소희 바로 뒤에 혜수가 서 있고 혜수가 뒤에서 일곱째에 서 있으므로 혜수의 뒤에는 6명이 서 있습니다.
➜ 1명과 6명, 그리고 소희와 혜수까지 이어서 순서대로 세어 보면 소희네 모둠 학생은 모두 9명입니다.

26~27쪽 3단계 심화 유형 완성

| 1 2개 | 2 3번 | 3 2개 |
| 4 4명 | 5 4, 5 | 6 미현, 6개 |

1 주어진 수를 작은 수부터 순서대로 쓰면
0, 1, ③, 5, 7, ⑧, 9입니다.
➜ 3보다 크고 8보다 작은 수는 5, 7로 모두 2개입니다.

2 두 시, 두 자루, 두 묶음
➜ 2를 나타내는 말이 모두 3번 나옵니다.

3 우식: ○ ○ ○ ○ ○ ○ ⟲ ○ ○
서준: ○ ○ ○ ○ ○ ○ ○ ○ ⎡○ ○⎤
➜ 서준이가 우식이에게 초콜릿 2개를 주면 두 사람이 가지고 있는 초콜릿의 수는 7개로 같아집니다.

4 유진이는 친구 8명과 함께 달리기를 하고 있으므로 모두 9명이 달리기를 하고 있는 것입니다.

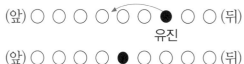
(앞) ○ ○ ○ ○ ○ ● ○ ○ (뒤)
유진

(앞) ○ ○ ○ ○ ● ○ ○ ○ ○ (뒤)
유진

➜ 유진이 뒤에서 달리는 학생은 4명입니다.

5 ▲와 ★을 제외하고 수 카드를 왼쪽에서 작은 수부터 순서대로 늘어놓으면 2, 4, 5, 7, 8입니다.
▲는 ★보다 작은 수이므로 연속하는 수가 되도록 하려면 ▲는 2와 4 사이에 놓여야 하고, ★은 5와 7 사이에 놓여야 합니다.
➜ 2, ▲, 4, 5, ★, 7, 8
따라서 오른쪽에서 셋째에 있는 수는 ★이고, 여섯째에 있는 수는 ▲이므로 ★과 ▲ 사이에 놓이는 수는 4, 5입니다.

참고
▲는 2와 4 사이에 놓여야 하므로 3이고 ★도 5와 7 사이에 놓여야 하므로 ★은 6입니다.

6 • 영지가 접은 종이비행기의 수는 5보다 2만큼 더
큰 수이므로 7개입니다.
• 미현이가 접은 종이비행기의 수는 7보다 1만큼
더 작은 수이므로 6개입니다.
• 은지가 접은 종이비행기의 수는 6보다 3만큼 더
큰 수이므로 9개입니다.
➜ 작은 수부터 순서대로 쓰면 6, 7, 9이므로 종이
비행기를 가장 적게 접은 사람은 미현이고 접은
종이비행기는 6개입니다.

28~29쪽 **Test** 단원 실력 평가

1 2, 1, 0   **2**

3 ③

4 (위에서부터) 3 / 5, 6 / 8

5 ㉡

6 (왼쪽에서부터) 5, 4, 3, 1

7

8 4, 6   **9** 9개

10 8에 ○표, 1에 △표

11 다섯째

12 예 ❶ 7, 4, 6을 작은 수부터 순서대로 쓰면
4, 6, 7이므로 4가 가장 작습니다.
❷ 수민이가 가장 적게 맞혔습니다.   답 수민

13 3개   **14** 4, 5, 6

15 예   첫째 둘째   다섯째
❶ (앞) ○ ● ○ ○ ● (뒤)
        지혜   은우
❷ 지혜와 은우 사이에는 2명이 서 있습니다.
                             답 2명

1 아무것도 없는 것을 수로 나타내면 0입니다.

2 • 팔을 수로 쓰면 8입니다.
• 칠을 수로 쓰면 7입니다.
• 구를 수로 쓰면 9입니다.

3 ③ 3은 셋 또는 삼이라고 읽습니다.

4 1부터 9까지의 수를 순서대로 씁니다.

5 ㉠ 여섯(육)은 6개를 색칠합니다.
㉡ 아홉째는 아홉째의 모양 1개에만 색칠합니다.

6 순서를 거꾸로 세어 7부터 1까지 수를 쓰면
7−6−5−4−3−2−1입니다.

7 3은 셋이므로 버섯을 하나부터 셋까지 세어 묶으면
아무것도 남지 않습니다.
아무것도 없는 것을 0이라고 합니다.

8 4─⑤─6
      └4보다 1만큼 더 큰 수
      └6보다 1만큼 더 작은 수

9 8보다 1만큼 더 큰 수는 9입니다.
➜ 태희가 딴 딸기는 9개입니다.

10 세 수를 작은 수부터 순서대로 쓰면 1, 4, 8이므로
가장 큰 수는 8이고, 가장 작은 수는 1입니다.

11 왼쪽에서부터 순서대로 세어 보면 둘째에 있는 동물
은 말입니다.
말은 오른쪽에서부터 순서대로 세어 보면 다섯째에
있습니다.

12 평가 기준
❶ 7, 4, 6 중에서 가장 작은 수를 구함.
❷ 수학 문제를 가장 적게 맞힌 사람을 구함.

13 7보다 작은 수는 수를 순서대로 썼을 때 7보다 앞
에 쓴 수입니다.
⓪─1─2─③─4─⑤─6─⑦─8─9
주어진 수 중 7보다 작은 수는 0, 3, 5로 모두 3개
입니다.

14 ㉠은 7보다 작습니다.
➜ ㉠에 들어갈 수 있는 수는 1, 2, 3, 4, 5, 6입
니다.
3은 ㉡보다 작습니다.
➜ ㉡은 3보다 크므로 ㉡에 들어갈 수 있는 수는
4, 5, 6, 7, 8, 9입니다.
따라서 ㉠과 ㉡에 공통으로 들어갈 수 있는 수는
4, 5, 6입니다.

15 평가 기준
❶ 지혜와 은우의 위치를 찾음.
❷ 지혜와 은우 사이에 서 있는 사람 수를 구함.

2 여러 가지 모양

1

2 (△)(○)(□)
3 (   )(×)(   )
4 (   )(○)(   )
5 ㉡, ㉣, ㉂, ㉀
6 ㉠, ㉦, ㉧　　　**7** 2개
8
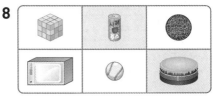
9 (   )(○)(   )
10 (   )(   )(○)
11　　　　　　　**12** 주환

13 (   )(○)(   )　**14** ㉡, ㉢, ㉂

---

15 (1) 에 ○표　(2) 에 ○표
16 에 ○표　　**17**
18 유나　　　　**19** ㉢
20 예 모양 축구공은 잘 굴러가지 않으므로 축구할 때 사용하기 힘듭니다.
21 , 에 ○표　**22** 에 ○표
23 2, 4, 2　　　**24** 5개
25 4개　　　　**26** 1개
27 3, 1, 3

8 모양은 음료수 캔과 케이크입니다.

9 선물 상자는 모양, 휴지통은 모양, 공은 모양입니다.

11 ┌ 과자 상자, 지우개 ➜ 모양
　　├ 농구공, 야구공 ➜ 모양
　　└ 음료수 캔, 휴지 ➜ 모양

12 오른쪽 상자는 모양입니다.
선영: 모양, 주환: 모양, 영은: 모양이므로 바르게 모은 사람은 주환입니다.

13 왼쪽: 수박은 모양이고, 북과 저금통은 모양입니다.
오른쪽: 모두 모양입니다.

14 모양끼리 모으면 ㉠, ㉣, ㉤입니다.
➜ 모을 수 없는 물건은 ㉡, ㉢, ㉂입니다.

15 (1) 평평한 부분과 뾰족한 부분이 보이므로 모양입니다.
(2) 평평한 부분과 둥근 부분이 보이므로 모양입니다.

16 평평한 부분과 둥근 부분이 모두 있는 모양은 모양입니다.

17 모양: 잘 굴러가지 않지만 여러 방향으로 잘 쌓을 수 있습니다.
모양: 둥근 부분이 있어서 눕히면 잘 굴러가고 평평한 부분으로 쌓을 수 있습니다.
모양: 둥근 부분만 있어서 잘 굴러가지만 쌓을 수 없습니다.

18 유나: 모양에는 둥근 부분이 없습니다.

19 ㉢ 모양은 둥근 부분만 있어서 여러 방향으로 잘 굴러갑니다.

중요
· 모양은 잘 굴러가지 않습니다.
· 모양은 눕히면 잘 굴러갑니다.

20 평가 기준
모양은 잘 굴러가지 않는다는 말을 썼으면 정답으로 합니다.

21 모양 3개, 모양 4개를 사용하여 만들었습니다. ➜ 모양은 사용하지 않았습니다.

22 모양 3개, 모양 8개로 만든 모양이므로 모양은 사용하지 않았습니다.

25 모양 4개, 모양 2개, 모양 3개로 만든 모양입니다.

26 3은 2보다 1만큼 더 큰 수이므로 모양은 모양보다 1개 더 많습니다.

38~39쪽 1단계 기본+유형 완성

1-1 ( )( )(×)
1-2 ㉡   **1**-3 ㉢
2-1 ( )(○)( )
2-2 ( )(○)( )
2-3 2개
3-1 (○)( )   **3**-2 ㉡
4-1 ⬡에 ○표   **4**-2 ⬡에 ○표, ⬜에 △표

1-1 비치볼, 축구공: ⬤ 모양, 필통: ⬜ 모양

1-2 ㉠, ㉢, ㉣은 ⬜ 모양이고, ㉡은 ⬡ 모양입니다.
➜ 모양이 다른 하나는 ㉡입니다.

1-3 왼쪽 야구공은 ⬤ 모양입니다.
㉠, ㉡, ㉣은 ⬤ 모양이고, ㉢은 ⬡ 모양입니다.
➜ 모양이 다른 하나는 ㉢입니다.

2-1 〔전략〕
평평한 부분, 뾰족한 부분, 둥근 부분 중 어떤 부분이 보이는지 확인합니다.

오른쪽 모양은 뾰족한 부분과 평평한 부분이 있으므로 ⬜ 모양입니다. 나무토막은 ⬜ 모양, 구급상자는 ⬜ 모양, 볼링공은 ⬤ 모양입니다.

2-2 오른쪽 모양은 둥근 부분만 있으므로 ⬤ 모양입니다. 과자 상자는 ⬜ 모양, 지구본은 ⬤ 모양, 북은 ⬡ 모양입니다.

2-3 오른쪽 모양은 평평한 부분과 둥근 부분이 있으므로 ⬡ 모양입니다. ⬡ 모양의 물건을 찾으면 음료수 캔, 북으로 모두 2개입니다.

3-1 ⬜ 모양 1개, ⬡ 모양 2개, ⬤ 모양 2개로 만든 모양은 왼쪽 모양입니다.

3-2 ⬜ 모양 2개, ⬡ 모양 2개, ⬤ 모양 2개로 만든 모양은 ㉡입니다.

4-1 ⬜ 모양 1개, ⬡ 모양 4개, ⬤ 모양 2개로 만든 모양입니다.
➜ 가장 많이 사용한 모양은 ⬡ 모양입니다.

4-2 ⬜ 모양 2개, ⬡ 모양 5개, ⬤ 모양 3개로 만든 모양입니다.
➜ 가장 많이 사용한 모양은 ⬡ 모양, 가장 적게 사용한 모양은 ⬜ 모양입니다.

40~43쪽 2단계 실력 유형 연습

1 ㉡   **2** ( )( )(×)
3 ( )(×)( )   **4** ⬡에 ○표
5 ·╲╱·
    ·╱╲·
6 ⬜에 ○표, 7개   **7** ㉢

8 1개 / 6개 / 5개   **9** 3개
10
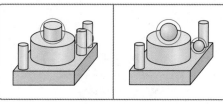
11 ⬡에 ○표
12 ·╲ ╱·
    ·╱╲·   **13** ⬡에 ○표

5 평평한 부분과 둥근 부분이 모두 보이면 ⬡ 모양, 평평한 부분과 뾰족한 부분이 모두 보이면 ⬜ 모양, 둥근 부분만 보이면 ⬤ 모양입니다.

6 ⬜ 모양만을 사용하여 만든 모양입니다.
사용한 ⬜ 모양을 세어 보면 7개입니다.

7 물건은 모두 ⬜ 모양입니다.
➜ ㉢은 ⬡ 모양에 대한 설명입니다.

8 모양을 만드는 데 ⬜ 모양 1개, ⬡ 모양 6개, ⬤ 모양 5개를 사용하였습니다.

9 둥근 부분만 있는 모양은 ⬤ 모양입니다.
➜ ⬤ 모양을 찾으면 농구공, 털뭉치, 볼링공이므로 모두 3개입니다.

〔참고〕
• 평평한 부분만 있는 모양: ⬜ 모양
• 평평한 부분도 있고 둥근 부분도 있는 모양: ⬡ 모양
• 둥근 부분만 있는 모양: ⬤ 모양

10 왼쪽 모양에서 ⬡ 모양 2개와 오른쪽 모양에서 ⬤ 모양 2개가 다릅니다.

11 • ⬜ 모양: 세탁기, 벽돌, 지우개 ➜ 3개
• ⬡ 모양: 물통, 김밥, 케이크, 양초 ➜ 4개
• ⬤ 모양: 수박, 야구공 ➜ 2개
따라서 가장 많은 모양은 ⬡ 모양입니다.

12 ・🔲 모양 5개, 🔵 모양 2개로 만든 모양은 가운데 모양입니다.

・🔲 모양 3개, 🔵 모양 3개로 만든 모양은 맨 왼쪽 모양입니다.

13 🔲 모양 5개, 🔵 모양 7개, ⚫ 모양 2개로 만든 모양입니다.

→ 가장 많이 사용한 모양은 🔵 모양입니다.

44~49쪽 **3**단계 **심화 유형 연습**

심화1 1 🔵, ⚫에 ○표   2 🔲, ⚫에 ○표
3 ⚫에 ○표
1-1 🔵에 ○표   **1-2** 🔲에 ×표
심화2 1 🔵에 ○표   2 6개
2-1 4개   **2-2** 5개

심화3 1 🔲, 🔵에 ○표   2 ㉡, ㉣, ㉤
3 3개
3-1 4개   **3-2** 예지
심화4 1 3개 / 4개 / 2개   2 3개 / 4개 / 1개
3 ⚫에 ○표, 1개
4-1 🔲에 ○표, 2개   **4-2** 🔵에 ○표, 1개

심화5 1 🔲에 ○표   2 4개 / 2개   3 6개
5-1 5개   **5-2** 9개
심화6 1 4개 / 6개 / 2개   2 4개 / 7개 / 2개
6-1 6개, 3개, 5개   **6-2** 3개, 7개, 4개

심화1 1 강해가 가지고 있는 물건은 🔵 모양, ⚫ 모양입니다.

2 찬영이가 가지고 있는 물건은 🔲 모양, ⚫ 모양입니다.

3 두 사람이 모두 가지고 있는 물건은 ⚫ 모양입니다.

1-1 1 은서가 가지고 있는 물건은 🔲 모양, 🔵 모양입니다.

2 지수가 가지고 있는 물건은 ⚫ 모양, 🔵 모양입니다.

3 두 사람이 모두 가지고 있는 모양은 🔵 모양입니다.

1-2 1 유진이가 가지고 있는 물건은 🔲 모양, 🔵 모양, ⚫ 모양입니다.

2 승호가 가지고 있는 물건은 🔵 모양, ⚫ 모양입니다.

3 두 사람이 모두 가지고 있는 모양이 아닌 것은 🔲 모양입니다.

심화2 1 오른쪽 모양은 평평한 부분과 둥근 부분이 있으므로 🔵 모양입니다.

2

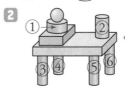 → 🔵 모양의 수를 세어 보면 모두 6개입니다.

2-1 1 오른쪽 모양은 뾰족한 부분과 평평한 부분이 있으므로 🔲 모양입니다.

2

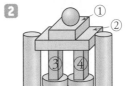 → 🔲 모양의 수를 세어 보면 모두 4개입니다.

2-2 1 오른쪽 모양은 둥근 부분만 있으므로 ⚫ 모양입니다.

2

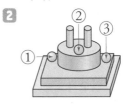

→ ⚫ 모양의 수를 세어 보면 왼쪽은 3개, 오른쪽은 2개이므로 모두 5개입니다.

심화3 1 평평한 부분이 있는 모양은 🔲와 🔵 모양입니다.

2 🔲와 🔵 모양을 찾으면 ㉡, ㉣, ㉤입니다.

3 평평한 부분이 있는 물건은 모두 3개입니다.

참고
🔲, 🔵, ⚫ 모양 중에서 평평한 부분의 수가 가장 많은 모양은 🔲 모양입니다.

3-1 1 평평한 부분이 있는 모양은 🔲와 🔵 모양입니다.

2 위 그림에서 🔲와 🔵 모양을 찾으면 ㉡, ㉣, ㉤, ㉥입니다.

3 평평한 부분이 있는 물건은 모두 4개입니다.

3-2 **1** 평평한 부분이 있는 모양은 ⬛와 ⬛ 모양입니다.

2 예지는 ⬛ 모양 1개, ⬛ 모양 2개를 모았고 민재는 ⬛ 모양 1개, ⬛ 모양 1개를 모았습니다.

3 평평한 부분이 있는 물건을 더 많이 모은 사람은 예지입니다.

심화 4 **1** 소희는 ⬛ 모양 3개, ⬛ 모양 4개, ⚫ 모양 2개를 사용했습니다.

2 승주는 ⬛ 모양 3개, ⬛ 모양 4개, ⚫ 모양 1개를 사용했습니다.

3 두 사람이 사용한 모양의 개수를 비교하면 ⬛와 ⬛ 모양의 개수는 같고 소희가 ⚫ 모양을 1개 더 많이 사용했습니다.

4-1 **1** 은채는 ⬛ 모양 4개, ⬛ 모양 1개, ⚫ 모양 2개를 사용했습니다.

2 지호는 ⬛ 모양 2개, ⬛ 모양 1개, ⚫ 모양 2개를 사용했습니다.

3 두 사람이 사용한 모양의 개수를 비교하면 ⬛와 ⚫ 모양의 개수는 같고 은채가 ⬛ 모양을 2개 더 많이 사용했습니다.

4-2 **1** 세희는 ⬛ 모양 2개, ⬛ 모양 4개, ⚫ 모양 3개를 사용했습니다.

2 민주는 ⬛ 모양 2개, ⬛ 모양 3개, ⚫ 모양 3개를 사용했습니다.

3 두 사람이 사용한 모양의 개수를 비교하면 ⬛와 ⚫ 모양의 개수는 같고 민주가 ⬛ 모양을 1개 더 적게 사용했습니다.

심화 5 **1** 잘 굴러가지 않는 모양은 둥근 부분이 없는 ⬛ 모양입니다.

2 ⬛ 모양은 가에서 4개, 나에서 2개 사용했습니다.

3 두 모양을 만드는 데 잘 굴러가지 않는 모양을 모두 6개 사용했습니다.

5-1 **1** 쌓을 수 없는 모양은 ⚫ 모양입니다.

2 ⚫ 모양은 가에서 2개, 나에서 3개 사용했습니다.

3 쌓을 수 없는 모양을 모두 5개 사용했습니다.

5-2 **1** 쌓을 수 있는 모양은 ⬛ 모양과 ⬛ 모양입니다.

2 ⬛ 모양은 가에서 3개, 나에서 3개 사용했습니다.

3 ⬛ 모양은 가에서 1개, 나에서 2개 사용했습니다.

4 쌓을 수 있는 모양을 모두 9개 사용했습니다.

심화 6 **1** 주어진 모양을 만드는 데 ⬛ 모양 4개, ⬛ 모양 6개, ⚫ 모양 2개를 사용했습니다.

2 ⬛ 모양이 1개 남았으므로 ⬛ 모양은 6보다 1만큼 더 큰 수인 7개입니다.

➜ 모양을 만들기 전에 있던 ⬛ 모양은 4개, ⬛ 모양은 7개, ⚫ 모양은 2개입니다.

6-1 **1** 주어진 모양을 만드는 데 ⬛ 모양 4개, ⬛ 모양 3개, ⚫ 모양 5개를 사용했습니다.

2 ⬛ 모양이 2개 남았으므로 ⬛ 모양은 4보다 2만큼 더 큰 수인 6개입니다.

➜ 모양을 만들기 전에 있던 ⬛ 모양은 6개, ⬛ 모양은 3개, ⚫ 모양은 5개입니다.

6-2 **1** 두 모양을 만드는 데 ⬛ 모양 3개, ⬛ 모양 7개, ⚫ 모양은 6개가 필요합니다.

2 ⚫ 모양이 2개 부족했으므로 ⚫ 모양은 6보다 2만큼 더 작은 수인 4개입니다.

➜ 혜주가 가지고 있는 ⬛ 모양은 3개, ⬛ 모양은 7개, ⚫ 모양은 4개입니다.

50~51쪽 **3**단계 **심화 ➕ 유형 완성**

1 3개	**2** 3개 / 5개 / 4개
3 의자	**4** ⓒ
5 민호	**6** 6개

1 도윤이가 설명하는 모양은 ⬛ 모양입니다.

➜ ⬛ 모양은 물통, 휴지통, 통조림 캔이므로 모두 3개입니다.

2 ⬛ 모양은 □표, ⬛ 모양은 △표, ⚫ 모양은 ○표를 하여 세어 봅니다.

가와 나 모양을 모두 만드는 데 필요한 모양은 ⬛ 모양 3개, ⬛ 모양 5개, ⚫ 모양 4개입니다.

3 탁자: ⬛ 모양 4개, ⬛ 모양 3개, ⚫ 모양 3개

침대: ⬛ 모양 3개, ⬛ 모양 2개, ⚫ 모양 2개

의자: ⬛ 모양 4개, ⬛ 모양 4개, ⚫ 모양 3개

➜ 설명하는 물건은 의자입니다.

4 ⬜⬜⚪⬜ 모양이 순서대로 반복됩니다.
빈 곳에 알맞은 모양은 ⬜ 모양이고, ⬜ 모양의 물건을 찾으면 ⓒ입니다.

5 가: ⬜ 모양 3개, ⬛ 모양 5개, ⚪ 모양 1개
나: ⬜ 모양 4개, ⬛ 모양 5개, ⚪ 모양 3개
➡ 민호: ⬜ 모양은 나보다 가에 더 적습니다.

6 〖전략〗
만들기 전에 있던 모양의 개수는 사용한 개수보다 남은 개수만큼 더 큰 수입니다.

오른쪽 모양을 만들려면 ⬜ 모양이 3개, ⬛ 모양이 5개, ⚪ 모양이 3개 필요합니다.
⬜ 모양이 2개 남았으므로 ⬜ 모양은 3보다 2만큼 더 큰 수인 5개이고, ⬛ 모양이 1개 남았으므로 ⬛ 모양은 5보다 1만큼 더 큰 수인 6개입니다.
따라서 모양을 만들기 전에 있던 ⬜ 모양은 5개, ⬛ 모양은 6개, ⚪ 모양은 3개이므로 가장 많은 모양은 ⬛ 모양으로 6개입니다.

52~53쪽 〖Test〗 **단원 실력 평가**

1 ✕ (선 잇기)

2 ⬛에 ○표

3 ⓛ, ⓔ, ⓗ

4 ⚪에 ○표

5 ③

6 2 / 5 / 2

7 ㉠

8 3개

9
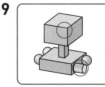

10 ∙ (선 잇기)

11 선우 / 예 ⬛ 모양은 평평한 부분으로 쌓을 수 있습니다.

12 ⬜에 ○표

13 예 ❶ ⬛⬜⬜ 모양이 반복되는 규칙입니다.
❷ 가에 알맞은 모양은 ⬜ 모양입니다.
❸ ⬜ 모양의 물건을 찾으면 ⓒ입니다.
답 ⓒ

14 2개, 4개, 2개

---

1 연탄과 김밥은 ⬛ 모양, 구슬과 농구공은 ⚪ 모양입니다.

2 ㉣ 양념 통은 ⬛ 모양입니다.

3 ⬜ 모양은 ⓛ 나무토막, ⓔ 휴지 상자, ⓗ 백과사전입니다.

4 배구공, 볼링공, 구슬은 모두 ⚪ 모양입니다.

5 ①, ②, ④, ⑤는 ⬛ 모양이고, ③은 ⚪ 모양입니다.

6 ⬜ 모양 2개, ⬛ 모양 5개, ⚪ 모양 2개를 사용하여 만들었습니다.

7 여러 방향으로 잘 굴러가는 모양: ⚪ 모양
➡ ⚪ 모양은 ㉠입니다.

8 풀은 ⬛ 모양입니다.
➡ ⬛ 모양은 빵, 저금통, 빨대로 모두 3개입니다.

9 왼쪽 모양과 오른쪽 모양을 비교하여 다른 부분을 모두 찾아 ○표 합니다.

10 ⬜ 모양 2개, ⬛ 모양 2개, ⚪ 모양 1개로 만든 모양을 찾습니다.

11 〖평가〗〖기준〗
잘못 설명한 사람의 이름을 쓰고 평평한 부분으로 쌓을 수 있다고 썼으면 정답으로 합니다.

〖참고〗
⬛ 모양은 둥근 부분으로 굴리면 잘 굴러가고 평평한 부분으로 쌓을 수 있습니다.

12 가: ⬜ 모양 5개, ⚪ 모양 3개로 만들었습니다.
나: ⬜ 모양 2개, ⬛ 모양 4개로 만들었습니다.
➡ 가와 나 모양을 만드는 데 모두 사용한 모양은 ⬜ 모양입니다.

13 〖평가〗〖기준〗
❶ 어떤 모양이 반복되는지 구함.
❷ 가에 들어갈 모양을 찾음.
❸ 가에 들어갈 모양과 같은 모양의 물건을 찾음.

14 오른쪽 모양은 ⬜ 모양 2개, ⬛ 모양 4개, ⚪ 모양 1개를 사용하여 만들었습니다.
⚪ 모양이 1개 남았으므로 ⚪ 모양은 1보다 1만큼 더 큰 수인 2개입니다.
따라서 만들기 전에 있던 ⬜, ⬛, ⚪ 모양은 차례로 2개, 4개, 2개입니다.

3 덧셈과 뺄셈

1 (위에서부터) 3, 1, 2

2 4   **3** 3

4 ○○○○○○

5
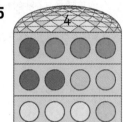
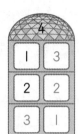

6
 / 4, 4

7 (1) 8 (2) 3   **8** ( )(○)

9

10 (1) 3 (2) 1

11 (위에서부터)
8, 7, 6, 5

12 (1) ㉡ (2) ㉢   **13** 5, 9

14 ㉡   **15** 2, 6

16 7+1=8   **17** 2, 3, 2, 3

18 ㉡   **19** ✕

20 ㉢

21 어항 속에 물고기 3 마리가 있습니다. 어항에 5 마리를 더 넣으면 어항 속 물고기는 모두 8 마리가 됩니다.

22 예 6 + 2 = 8 /
예 6 더하기 2는 8과 같습니다.

23
 / 5

24 (1) 7 / 7 (2) 8 / 8   **25** 2, 9

26 9 / 5, 9

27 예 ○○○○○ / 6
      ○

28 (○)(＼) / 3   **29** (1) 2 (2) 6

---

30 예 2+7=9 / 9마리

31

/ 예 2+3=5 / 5개

---

5 4는 1과 3, 2와 2, 3과 1로 가르기할 수 있습니다.

6 파란 바구니와 노란 바구니에 똑같이 ○ 8개를 번갈아 그려 넣으면 각각 4개씩 그려집니다.
따라서 8을 똑같은 두 수로 가르기하면 4와 4입니다.

> 참고
> 8은 1과 7, 2와 6, 3과 5, 4와 4, 5와 3, 6과 2, 7과 1로 가르기할 수 있습니다. 이 중에서 똑같은 두 수로 가르기하는 경우는 4와 4입니다.

9
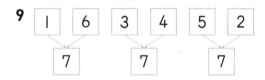

10 (1)
```
    4
   / \
  3   1
```
➡ 4는 3과 1로 가르기를 할 수 있습니다.

(2)
```
  1   7
   \ /
    8
```
➡ 1과 7을 모으기하면 8이 됩니다.

11 9는 1과 8, 2와 7, 3과 6, 4와 5로 가르기할 수 있습니다.

12
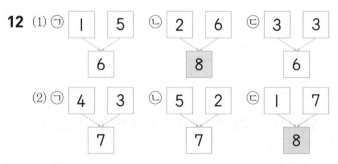

14 ㉠ 콘 아이스크림 1개와 2개를 합하면 3개입니다.
➡ 1+2=3
㉡ 막대 아이스크림 2개와 2개를 합하면 4개입니다.
➡ 2+2=4

16 7 더하기 1은 8과 같습니다.
7 + 1 =8

18 가지는 2개, 고추는 5개이므로 가지와 고추 수의 합을 구하는 덧셈식은 ㉡ 2+5=7입니다.

19 • 구슬 1개와 4개를 합하면 5개입니다.
➡ 1+4=5
• 구슬 6개와 1개를 합하면 7개입니다.
➡ 6+1=7
• 딸기 6개와 1개를 합하면 7개입니다.
➡ 6+1=7
• 배추 1개와 무 4개를 합하면 5개입니다.
➡ 1+4=5

20 ㉠ 3+3=6   ㉡ 3+6=9
➡ 나타내는 덧셈식이 나머지와 다른 하나는 ㉡입니다.

22 감자 6개와 고구마 2개를 합하면 8개입니다.
➡ 6+2=8

참고
'6과 2의 합은 8입니다.'라고 읽을 수도 있습니다.

25 검은 바둑돌 7개에 흰 바둑돌 2개를 더 놓으면 바둑돌은 모두 9개입니다.
➡ 7+2=9

26 두 수의 순서를 바꾸어 더해도 합은 같습니다.

27 ○를 5개 그린 후 ○ 1개를 이어 그리면 ○는 모두 6개입니다.
➡ 5+1=6

28 • 고양이 2마리와 강아지 1마리를 더하는 것은 2+1입니다.
• 호랑이 1마리와 사자 1마리를 더하는 것은 1+1입니다.
➡ 고양이와 강아지는 모두 3마리이므로 2+1=3입니다.

29 두 수의 순서를 바꾸어 더해도 합은 같습니다.
⑴ 2+5=5+2=7
⑵ 3+6=6+3=9

30 전략
모두 몇 마리인지 구할 때는 덧셈식을 이용합니다.

오리 2마리와 닭 7마리를 더하면 모두 9마리입니다.
➡ 2+7=9

31 (쟁반에 있던 사과의 수)+(더 그린 사과의 수)
=2+3=5(개)

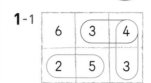

1-1

| 6 | 3 | 4 |
| 2 | 5 | 3 |

1-2

1	6	3
8	3	7
5	4	2

1-3 (위에서부터) 3, 2, 1
2-1 7명   **2-2** 9마리   **2-3** 8개

1-1 두 수를 모으기하여 7이 되는 경우는 (3, 4), (4, 3), (2, 5)입니다.

1-2 두 수를 모으기하여 9가 되는 경우는 (1, 8), (6, 3), (7, 2), (5, 4)입니다.

1-3 8은 3과 5로 가르기할 수 있습니다.
5는 4와 1로 가르기할 수 있습니다.
3은 1과 2로 가르기할 수 있습니다.

2-1 '모두 몇 명'이므로 더합니다.
➡ 3+4=7(명)

2-2 '모두 몇 마리'이므로 더합니다.
➡ 5+4=9(마리)

2-3 '6개 더 많습니다'이므로 6을 더합니다.
➡ 2+6=8(개)

---

1 ○○   **2** (왼쪽에서부터) 7, 1
3 (○)(   )(   )(○)
4 6

5 예 닭과 병아리를 합하면 모두 3마리입니다.
6 3권   **7** 2
8 예 2+3=5 / 예 1+4=5
9 2+4=6
10 3개   **11** 5개

BOOK ❶

59
~
65
쪽

13

2 8은 1과 7로 가르기할 수 있고 7은 6과 1로 가르기할 수 있습니다.

3 1+7=8, 2+5=7, 4+2=6, 7+1=8

[다른 풀이]
두 수의 순서를 바꾸어 더해도 합은 같습니다.
➜ 1+7=7+1

4 가르기한 두 수를 각각 모으기를 합니다.
2와 4, 3과 3, 5와 1을 각각 모으기하면 6입니다.
➜ 어떤 수는 6입니다.

5 [평가 기준]
닭과 병아리의 그림에 알맞은 덧셈 이야기를 완성하고, 합을 바르게 나타냈으면 정답으로 합니다.

6   6을 똑같은 두 수로 가르기를 하면 3과 3으로 가르기할 수 있습니다.
➜ 한 사람이 공책을 3권씩 가져야 합니다.

7 지수가 던져서 나온 눈의 수는 3, 채원이가 던져서 나온 눈의 수는 4이므로 두 수를 모으기하면 7입니다. 세 사람이 던져서 나온 눈의 수의 합이 9이므로 7과 모으기하여 9가 되는 수는 2입니다.

8 • 모자를 쓴 어린이 2명과 쓰지 않은 어린이 3명을 더하면 모두 5명입니다.
➜ 2+3=5

• 안경을 쓴 어린이 1명과 안경을 쓰지 않은 어린이 4명을 더하면 모두 5명입니다.
➜ 1+4=5

[참고]
위의 덧셈식 이외에도 그림을 보고 여러 가지 덧셈식을 만들 수 있습니다.

9 [전략]
같은 모양에 ∨, ○와 같은 표시를 하면서 빠뜨리거나 중복되지 않게 세어 봅니다.

그림에서 ▱ 모양은 2개, ● 모양은 4개 찾을 수 있습니다. ➜ 2+4=6

10   4는 1과 3으로 가르기를 할 수 있으므로 다른 상자에 담아야 하는 공은 3개입니다.

---

11 (명호의 사탕 수)=2+1=3(개)
➜ (두 사람이 가진 사탕 수)=2+3=5(개)

1 3, 5
2 주차장에 남은 자동차는 나간 자동차보다 `2`대 더 많습니다.
3 예 5−2=3
4 예 `7`−`5`=`2` / 예 7 빼기 5는 2와 같습니다.
5 2, 5 / 많습니다에 ○표
6

---

7 7 / 7   **8** ㉢
9 예 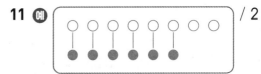 / 6

10 3
11 예 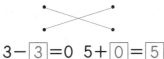 / 2

12 3 / 예 4−1=3
13 6−3=3 / 3송이
14 ㉡   **15** 0, 4
16 (1) 7 (2) 3 (3) 8 (4) 0
17 민재
18 5−5=0   **19** (1) + (2) −
20 `0`+`3`=`3`
21
3−`3`=0 5+`0`=`5`
22 0개

---

23 6, 7, 8, 9 / 1
24 5, 4 / 3, 2 / 1, 0 / 1
25 ㉡   **26** 9−6, 4−1에 색칠
27 5 / 5 / 5 / 1, 5
28 ·　　·   **29** 3

3 나비는 5마리, 벌은 2마리이므로 나비는 벌보다 3마리 더 많습니다.

➡ $5-2=3$

4 빵은 7개, 접시는 5개이므로 빵은 접시보다 2개 더 많습니다.

➡ $7-5=2$

참고

'7과 5의 차는 2입니다.'라고 읽을 수도 있습니다.

6 • 가방 4개, 신발주머니 2개이므로 가방은 신발주 머니보다 2개 더 많습니다.

➡ $4-2=2$

• 컵 6개에서 4개를 덜어 내면 2개가 남습니다.

➡ $6-4=2$

9 $9-3$이므로 ○ 9개 중에서 3개를 /으로 지우면 6개가 남습니다.

➡ $9-3=6$

10 연필꽂이에 꽂혀 있는 연필 7자루 중에서 4자루를 꺼냈으므로 남은 연필의 수를 구하는 뺄셈식은 $7-4=3$입니다.

11 ○ 8개와 ● 6개를 그린 후 하나씩 이으면 ○ 2개가 남습니다. ➡ $8-6=2$

참고

식에 알맞게 그림을 그리는 방법은 여러 가지입니다.

예 (1) ○를 8개 그리고 /으로 6개를 지우는 그림

(2) 물건을 8개 그리고 6개를 덜어 내는 그림

12 숫자 면이 보이는 동전은 3개이고 4는 1과 3으로 가르기할 수 있습니다.

➡ $4-1=3$

13 (남은 꽃의 수)=(전체 꽃의 수)−(시든 꽃의 수)

$=6-3=3$(송이)

14 ㉠ $8-2=6$ ㉡ $9-5=4$

➡ 계산 결과가 더 작은 것은 ㉡입니다.

15 마카롱 4개와 0개를 합하면 4개입니다.

➡ $4+0=4$

참고

(어떤 수)+0=(어떤 수), 0+(어떤 수)=(어떤 수)

16 (2) (어떤 수)−0=(어떤 수)

(4) (어떤 수)−(어떤 수)=0

17 수민: $7-0=7$

18 도넛이 5개 있었는데 다 먹어서 하나도 남지 않았습니다.

➡ 뺄셈식으로 나타내면 $5-5=0$입니다.

19 (1) 0+(어떤 수)=(어떤 수)

(2) (어떤 수)−(어떤 수)=0

20 (연못에 있는 개구리 수)

=(연못에 있던 개구리 수)

 +(들어온 개구리 수)

=$0+3=3$(마리)

22 (남은 초콜릿 수)

=(처음에 있던 초콜릿 수)−(먹은 초콜릿 수)

=$9-9=0$(개)

24
$6-1=5$
$6-2=4$
$6-3=3$
$6-4=2$
$6-5=1$
$6-6=0$

빼는 수가 1씩 커지면 차는 1씩 작아져요.

25 ㉠ 6 ㉡ 7 ㉢ 6 ㉣ 6

➡ 합이 6이 아닌 식은 ㉡입니다.

26 $5-4=1$, $7-2=5$, $9-6=\underline{3}$, $8-3=5$
$4-1=\underline{3}$, $3-3=0$

➡ 차가 3인 식은 $9-6$, $4-1$입니다.

27 차가 5인 뺄셈식을 만듭니다.

빼지는 수가 1씩, 빼는 수가 1씩 작아지면 차는 같아집니다.

28 • $4+1=5$, $8-4=4$

• $1+3=4$, $5-0=5$, $7-1=6$

29 합이 8이 되는 덧셈식:

$8+0=8$, $7+1=8$, $6+2=8$, $5+3=8$,
$4+4=8$, $3+5=8$, $2+6=8$, $1+7=8$,
$0+8=8$

71쪽 ①단계 기본 ⊕ 유형 완성

3-1 4, 1, 3 / 4, 3, 1
3-2 8, 3, 5 / 8, 5, 3
3-3 例 2, 7, 9 / 9, 7, 2
4-1 1개 　　**4-2** 5명 　　**4-3** 3마리

3-1 전략
가장 큰 수에서 작은 두 수를 각각 빼어 뺄셈식을 만듭니다.

$4-1=3, 4-3=1$

3-2 $8-3=5, 8-5=3$

3-3 • 작은 두 수의 합이 가장 큰 수인 덧셈식을 만듭니다.
➡ $2+7=9, 7+2=9$
• 가장 큰 수에서 작은 두 수를 각각 빼어 뺄셈식을 만듭니다.
➡ $9-2=7, 9-7=2$

4-1 '남은 풍선'이므로 뺍니다. ➡ $5-4=1$(개)

4-2 '남은 어린이'이므로 뺍니다. ➡ $8-3=5$(명)

4-3 '6마리 더 적습니다'이므로 6을 뺍니다.
➡ $9-6=3$(마리)

72~75쪽 ②단계 실력 유형 연습

1 $\boxed{6}-\boxed{3}=\boxed{3}$ 　　**2** ㉠
3 2 / 例 3과 1의 차는 2입니다.
4 8, 2 　　**5**
$4-1=\boxed{3}$
$5-1=\boxed{4}$
6 ㉠, ㉢ 　　**7** 例 $4+0=4$
8 $7-2=5$ / 5개

9 (×)(　)(　)
10 5 / 例 연못에 있는 오리 6마리 중 1마리가 나가서 남은 오리가 5마리입니다.
11 (　)(○)(　) 　**12** $9-\cancel{3}-4=5$
13 (1) 2, 7 (2) 1, 3 　**14** 4
15 4마리 　　**16** 7

1 숟가락은 6개, 포크는 3개이므로 숟가락은 포크보다 3개 더 많습니다.
➡ $6-3=3$

2 ㉠ $4-4=0$ ㉡ $4-0=4$

3 '3 빼기 1은 2와 같습니다.'라고 읽을 수도 있습니다.

4 합: $5+3=8$, 차: $5-3=2$

참고
두 수의 합을 구할 때는 '+', 차를 구할 때는 '−'를 사용합니다.

5 • 접시 5개 중 빈 접시는 1개이므로 과자가 담긴 접시는 4개입니다.
➡ $5-1=4$
• 화분 4개 중 빈 화분은 1개이므로 꽃이 심어진 화분은 3개입니다.
➡ $4-1=3$

6 파란 공깃돌: 3개, 빨간 공깃돌: 3개
➡ ㉠ $3+3=6$, ㉢ $6-3=3$

7 왼쪽 연필꽂이에 4자루, 오른쪽 연필꽂이에 0자루 있으므로 모두 4자루입니다.
➡ $4+0=4$

8 7은 2와 5로 가르기할 수 있습니다.
➡ $7-2=5$
따라서 흰 바둑돌은 5개입니다.

9 $1+0=1, 0-0=0, 3-3=0$
➡ 계산 결과가 나머지와 다른 식은 $1+0$입니다.

11 $1\boxed{+}5=6, 8\boxed{-}8=0, 4\boxed{+}3=7$
➡ 기호가 다른 것은 $4\boxed{+}3=7$입니다.

참고
계산 결과가 커졌으면 +, 작아졌으면 −입니다.

12 전략
빼는 수를 하나씩 ×표 하면서 두 수의 뺄셈을 합니다.

$9-3-\cancel{4}=6, 9-\cancel{3}-4=5$
➡ 필요 없는 수는 3입니다.

13 (1) 상자 속에 사탕이 2개 있으므로 사탕은 모두
  7개입니다. ➡ 5+2=7

  (2) 달걀 4개 중에서 1개가 깨졌으므로 남은 달걀은
  3개입니다. ➡ 4-1=3

14 어떤 수를 □로 놓고 뺄셈식을 만들면 9-□=5입
  니다.

  9
  □ 5
  ➡ 9는 5와 4로 가르기할 수 있으므
  로 9-4=5이고 어떤 수는 4입
  니다.

15 (2마리가 더 올라간 후 고양이 수)
  =1+2=3(마리)
  ➡ (지금 캣 트리에 있는 고양이 수)
  =3+1=4(마리)

16 큰 수부터 순서대로 쓰면 9, 7, 3, 2이므로 가장 큰
  수는 9, 가장 작은 수는 2입니다.
  ➡ 9-2=7

76~81쪽 3단계 심화 유형 연습

심화 1 ❶ 5, 4 ❷ 2가지
1-1 2가지   **1**-2 5가지
심화 2 ❶ 9 ❷ 5 ❸

2-1 [주사위 그림]   **2**-2 1점

심화 3 ❶ (위에서부터) 4 / 3 / 2 / 4, 1
  ❷ 4가지
3-1 5가지   **3**-2 3가지
심화 4 ❶ 0과 8, 1과 7, 2과 6, 3과 5, 4와 4
  ❷ 2, 6 ❸ 6
4-1 2   **4**-2 2

심화 5 ❶ 6개 ❷ 3, 3 ❸ 3개
5-1 2장   **5**-2 4개
심화 6 ❶ 4개 ❷ 4개 ❸ 8개
6-1 6개   **6**-2 9개

심화 1 ❷ 합이 5가 되는 두 수는 0과 5, 1과 4이므로
  만들 수 있는 덧셈식은 모두 2가지입니다.

1-1 ❶ 합이 8이 되는 두 수를 찾으면 다음과 같습니다.
  1과 더해서 8이 되는 수: 7
  3과 더해서 8이 되는 수: 5
  ❷ 합이 8이 되는 두 수는 1과 7, 3과 5이므로 만들
  수 있는 덧셈식은 모두 2가지입니다.

1-2 ❶ 차가 2가 되는 두 수를 찾으면 다음과 같습니다.
  0을 빼서 2가 되는 수: 2
  1을 빼서 2가 되는 수: 3
  3을 빼서 2가 되는 수: 5
  5를 빼서 2가 되는 수: 7
  7을 빼서 2가 되는 수: 9

  ❷ 차가 2가 되는 두 수는 0과 2, 1과 3, 3과 5,
  5와 7, 7과 9이므로 만들 수 있는 뺄셈식은 모두
  5가지입니다.

심화 2 ❶ 6+3=9
  ❷ 준휘가 던져서 나온 눈의 수의 합도 9이므로
  빈 곳에 알맞은 주사위의 눈의 수는 9-4=5입
  니다.
  ❸ 빈 곳에 주사위의 눈을 5개 그립니다.

2-1 ❶ 정국이가 던져서 나온 눈의 수의 합은
  2+5=7입니다.
  ❷ 성재가 던져서 나온 눈의 수의 합도 7이므로
  빈 곳에 알맞은 주사위의 눈의 수는 7-3=4입
  니다.
  ❸ 빈 곳에 주사위의 눈을 4개 그립니다.

2-2 ❶ 소희가 맞힌 점수의 합은 4+2=6입니다.
  ❷ 민규가 맞힌 점수의 합도 6이어야 하므로 남은
  화살을 6-5=1(점)에 맞혀야 합니다.

심화 3 ❶ 5를 두 수로 가르기하여 귤을 나누어 가지
  는 방법을 알아봅니다.

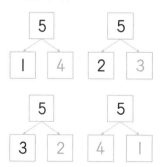

  ❷ 혜지와 태민이가 귤을 나누어 가지는 방법은 모두
  4가지입니다.

3-1 ① 지수와 현정이가 나누어 가지는 방법은 다음과 같습니다.

② 공책을 나누어 가지는 방법은 모두 5가지입니다.

3-2 ① 아현이와 언니가 나누어 가지는 방법은 다음과 같습니다.

└ 아현이가 언니보다 더 많이 가지는 방법

② 아현이가 언니보다 더 많이 가지는 방법은 모두 3가지입니다.

심화 4 ① 합이 8이 되는 두 수는 0과 8, 1과 7, 2와 6, 3과 5, 4와 4입니다.
② 8-0=8, 7-1=6, 6-2=4, 5-3=2, 4-4=0 ➡ 차가 4인 두 수는 2와 6입니다.
③ 2와 6 중 더 큰 수는 6입니다.

4-1 ① 합이 7이 되는 두 수는 0과 7, 1과 6, 2와 5, 3과 4입니다.
② 7-0=7, 6-1=5, 5-2=3, 4-3=1
➡ 차가 3인 두 수는 5와 2입니다.
③ 5와 2 중 더 작은 수는 2입니다.

4-2 ① 합이 9가 되는 두 수는 0과 9, 1과 8, 2와 7, 3과 6, 4와 5입니다.
② 9-0=9, 8-1=7, 7-2=5, 6-3=3, 5-4=1
➡ 차가 5인 두 수는 2와 7입니다.
③ 2와 7 중 ㉠에 알맞은 수는 2입니다.

심화 5 ① 8-2=6이므로 태형이는 정국이보다 6개 더 많이 가지고 있습니다.
② 6은 3과 3으로 가르기를 할 수 있습니다.
③ 두 사람이 가진 구슬의 수가 같아지려면 태형이는 정국이에게 구슬을 3개 주어야 합니다.

5-1 ① 성재와 창섭이의 색종이 수의 차는 5-1=4(장)입니다.
② 4는 똑같은 두 수 2와 2로 가르기를 할 수 있습니다.
③ 두 사람이 가진 색종이의 수가 같아지려면 창섭이는 성재에게 색종이를 2장 주어야 합니다.

[다른 풀이]
(성재와 창섭이가 가진 색종이 수의 합)=1+5=6(장)
6은 똑같은 두 수 3과 3으로 가르기를 할 수 있으므로 똑같이 3장씩 가지면 됩니다.
➡ 창섭이가 성재에게 5-3=2(장)을 주어야 합니다.

5-2 ① 가와 나 바구니에 들어 있는 감의 수의 차는 9-1=8(개)입니다.
② 8은 똑같은 두 수 4와 4로 가르기할 수 있습니다.
③ 두 바구니에 들어 있는 감의 수가 같아지려면 가 바구니에서 나 바구니로 감을 4개 옮겨야 합니다.

심화 6 ① (성현이가 먹기 전에 가지고 있던 사탕 수)
=3+1=4(개)
② 유진이와 성현이가 똑같이 나누어 가졌으므로 유진이가 나누어 가진 사탕은 4개입니다.
③ (나누어 가지기 전에 있던 사탕 수)
=4+4=8(개)

6-1 ① (양초를 사용하기 전에 바구니에 있던 양초 수)
=2+1=3(개)
② 바구니와 상자에 똑같이 나누어 담았으므로 상자에 담은 양초도 3개입니다.
③ (나누어 담기 전에 있던 양초 수)
=3+3=6(개)

6-2 ① (민주가 먹기 전에 가지고 있던 빵의 수)
=2+2=4(개)
② (세희가 나누어 가진 빵의 수)
=4+1=5(개)
③ (나누어 가지기 전 접시에 있던 빵의 수)
=4+5=9(개)

1 7개   **2** 2개

3 0, 7   **4** 9

5 예

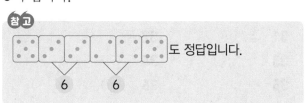

6 7개

1 (보, 가위)
➡ 가위가 이겼으므로 펼친 손가락은 2개입니다.
(바위, 가위)
➡ 바위가 이겼으므로 펼친 손가락은 0개입니다.
(보, 바위)
➡ 보가 이겼으므로 펼친 손가락은 5개입니다.
따라서 이긴 학생들의 펼친 손가락은 모두
$2+5=7$(개)입니다.

2 (남은 사탕의 수)$=8-2=6$(개)
6은 똑같은 두 수 3과 3으로 가르기를 할 수 있으
므로 알사탕 1개를 먹기 전의 수는 3개입니다.
➡ 남은 알사탕은 $3-1=2$(개)입니다.

3 영지가 꺼낸 공에 적힌 두 수의 차: $6-1=5$
유진이가 꺼낸 공에 적힌 두 수의 차도 5이므로
㉠에 적힌 수는 $5-5=0$입니다.
미현이가 꺼낸 공에 적힌 두 수의 차도 5이므로
㉡에 적힌 수는 $2+5=7$입니다.

4 같은 수를 더해서 8이 되어야 하므로 ●$=4$입니다.
●$+$■$=6$에서 $4+$■$=6$이므로 ■$=2$입니다.
▲$-$■$=7$에서 ▲$-2=7$이므로 ▲$=9$입니다.

5 주어진 도미노의 점의 수 중 2와 4, 3과 3을 더하면
6이 됩니다.

참고

도 정답입니다.

6 5와 4를 모으기하면 9가 되므로 오이는 4개입니다.
3과 6을 모으기하면 9가 되므로 양파는 3개입니다.
➡ 양파 3개와 오이 4개를 모으면 7개가 됩니다.

1 9   **2** 0, 4

3

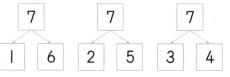

4 5, 4, 1   **5** (○)( )

6 (위에서부터) 5, 2, 3

7 (위에서부터) 5, 4 /
예 2, 3 / 3, 2 / 4, 1 / 5, 0

8 ㉡   **9** 5개

10 ① 예 $5-2=3$ ② 예 $9-2=7$

11 6개

12 예 ❶

7		7		7
1	6	2	5	3	4

❷ 7을 가르기한 두 수의 차가 3인 것은 2와
5이므로 언니가 가진 머리핀은 5개입니다.
답 5개

13 3가지

14 예 ❶ ▢ 모양: 필통, 지우개, 사전, 주사위
➡ 4개

❷ ▢ 모양: 연필꽂이, 풀 ➡ 2개

❸ ▢ 모양은 ▢ 모양보다 $4-2=2$(개) 더
많습니다.
답 2개

15

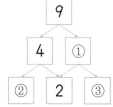

2 점 4개와 0개를 합하면 4개입니다.
➡ $4+0=4$

참고

(어떤 수)$+0=$(어떤 수)

6

```
      9
     / \
    4   ①
   /|   |\
  ②  2   ③
```

9는 4와 5로 가르기할 수 있습니다. ➡ ①$=5$
4는 2와 2로 가르기할 수 있습니다. ➡ ②$=2$
5는 2와 3으로 가르기할 수 있습니다. ➡ ③$=3$

8 ㉠ $\boxed{7}$ $+0=7$ ㉡ $9-\boxed{9}=0$
➡ □안에 들어갈 수가 더 큰 식은 ㉡입니다.

9 (먹고 남은 복숭아 수)
=(처음에 있던 복숭아 수)−(먹은 복숭아 수)
$=4-2=2$(개)
➡ (지금 냉장고에 있는 복숭아 수)
=(먹고 남은 복숭아 수)
 +(다시 사 온 복숭아 수)
$=2+3=5$(개)

10 전략
서로 다른 두 수의 차가 수 카드의 나머지 수 중에서 나오도록 뽑습니다.

$5-2=3$, $5-3=2$,
$7-2=5$, $7-5=2$,
$9-2=7$, $9-7=2$

11 전략
'몇 개'를 □로 놓고 덧셈식을 만들어 계산합니다.

$3+□=9$에서 $3+6=9$이므로
윤아가 더 산 사탕은 6개입니다.

12 평가 기준
❶ 7을 두 수로 가르기함.
❷ 가르기한 두 수의 차가 3인 것을 찾아 답을 바르게 구함.

13 4를 세 수로 가르기해 봅니다.
(빨간 접시, 파란 접시, 노란 접시)
➡ (1, 1, 2), (1, 2, 1), (2, 1, 1)
따라서 담을 수 있는 방법은 모두 3가지입니다.

14 평가 기준
❶ 🔲 모양을 찾아 개수를 구함.
❷ 🛢 모양을 찾아 개수를 구함.
❸ 🔲 모양은 🛢 모양보다 몇 개 더 많은지 구함.

15 합이 6인 두 수를 찾으면 1과 5, 2와 4, 3과 3,
4와 2, 5와 1입니다.
1과 5, 5와 1의 차: $5-1=4$
2와 4, 4와 2의 차: $4-2=2$
3과 3의 차: $3-3=0$
➡ 합이 6이고 차가 4인 두 수는 1과 5, 5와 1이므로 눈 1개와 5개를 각각 그립니다.

4 비교하기

90~95쪽 **1**단계 기본 유형 연습

1 (○)
(　)

2 ㉠

3 사탕, 소시지

4 (○)
(△)

5 재하

6 파란색

7 (　)(○)

8 (○)(　)

9 (○)(△)(　)

10 (1)(2)(3)

11 준호, 승재

12 기우

13 (○)(　)

14

15 전화기

16 (　)(△)(　)

17 의자, 가방, 연필

18 경민, 민서

19 필통

20

21 ㉡

22

23 (　)(○)(△)

24 (1) 보라색에 ○표 (2) 초록색에 ○표

25 (1) 축구장 (2) 내 방

26 예

27 (　)(○)

28 나

29 많습니다

30 (○)(　)

31 ㉡ / ㉠

32 ㉠

33 (　)(○)

34 ㉠

35

36 (　)(△)(　)

37 (2)(1)(3)

38 ·   ·

3 오른쪽 끝이 맞추어져 있으므로 왼쪽 끝이 모자란 사탕이 소시지보다 더 짧습니다.

4 왼쪽 끝이 맞추어져 있으므로 오른쪽 끝을 비교하면 막대기가 가장 길고, 포크가 가장 짧습니다.

5 왼쪽 끝이 맞추어져 있으므로 오른쪽 끝이 소희의 연필보다 남는 것을 찾으면 재하의 연필입니다.

6 한쪽 끝을 맞추어 비교하면 파란색 막대가 가장 짧습니다.

9 키가 가장 큰 것은 기린, 가장 작은 것은 개입니다.

> **중요**
> 아래쪽 끝이 맞추어져 있으므로 위쪽 끝이 많이 남을수록 키가 더 큽니다.

10 아래쪽 끝이 맞추어져 있으므로 철봉의 위쪽 끝이 많이 남을수록 높이가 더 높습니다.

11 아래쪽 끝과 위쪽 끝이 맞추어져 있지만 승재가 나무 도막 위에 올라가 있으므로 준호는 승재보다 키가 더 큽니다.

12 위쪽 끝에 맞추어져 있으므로 아래쪽 끝을 비교하면 기우의 키가 가장 큽니다.

17 의자가 가장 무겁고 그 다음은 가방이 무겁고 연필이 가장 가볍습니다.

18 경민이가 민서보다 더 무거우므로 아래로 내려간 쪽이 경민, 위로 올라간 쪽이 민서입니다.

> **중요**
> 시소는 무게가 무거운 쪽으로 내려갑니다.
>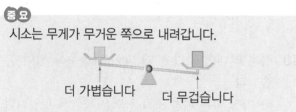
> 더 가볍습니다   더 무겁습니다

19 무거운 물건을 올려놓으면 종이 받침대가 무너져 내립니다. 따라서 더 무거운 물건은 필통입니다.

23 > **전략**
> 동전을 겹쳐 보았을 때 많이 남을수록 더 넓습니다.

500원짜리 동전이 가장 넓고, 50원짜리 동전이 가장 좁습니다.

24 ⑴ 겹쳐 맞대어 보았을 때 보라색 종이가 가장 많이 모자라므로 보라색 종이가 가장 좁습니다.

⑵ 빨간색 종이와 겹쳐 맞대어 보았을 때 초록색 종이가 남으므로 초록색 종이는 빨간색 종이보다 더 넓습니다.

26 2명이 앉을 수 있는 돗자리보다 더 넓은 돗자리를 그립니다.

28 그릇의 크기가 작을수록 담을 수 있는 양이 더 적습니다. 따라서 나에 담을 수 있는 양이 가보다 더 적습니다.

30 왼쪽 컵보다 물을 더 많이 담을 수 있는 것은 양동이입니다.

31 그릇의 크기가 클수록 담을 수 있는 양이 더 많습니다. 따라서 담을 수 있는 양이 가장 많은 것은 ⓒ, 가장 적은 것은 ㉠입니다.

32 물통의 크기가 클수록 담을 수 있는 물의 양이 더 많으므로 시후의 물총은 ㉠입니다.

35 그릇의 모양과 크기가 같으므로 물의 높이가 더 높은 것이 담긴 물의 양이 더 많습니다.

36 물의 높이가 모두 같으므로 그릇의 크기가 작을수록 담긴 물의 양이 더 적습니다.
➡ 담긴 물의 양이 가장 적은 것은 가운데 그릇입니다.

37 그릇의 모양과 크기가 같으므로 우유의 높이가 높을수록 담긴 우유의 양이 더 많습니다.

38 도윤이는 가장 적게 담긴 주스를 마시므로 가운데 주스이고, 남은 주스 중 지유는 하린이보다 더 적게 담긴 주스를 마시므로 지유가 맨 위 주스, 하린이가 맨 아래 주스입니다.

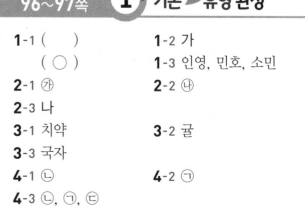

96~97쪽 **1단계 기본 유형 완성**

1-1 ( ) (○)	1-2 가
	1-3 인영, 민호, 소민
2-1 ㉮	2-2 ㉯
2-3 나	
3-1 치약	3-2 굴
3-3 국자	
4-1 ㉢	4-2 ㉠
4-3 ㉢, ㉠, ㉡	

1-1 양쪽 끝이 맞추어져 있으므로 많이 구부러져 있을수록 더 깁니다.
➡ 더 긴 것은 더 구부러진 아래쪽입니다.

1-2 양쪽 끝이 맞추어져 있으므로 많이 구부러져 있을수록 더 깁니다.
➡ 더 짧은 것은 덜 구부러진 가입니다.

1-3 양쪽 끝이 맞추어져 있으므로 많이 구부러져 있을수록 더 깁니다.
➡ 줄넘기가 긴 사람부터 차례로 이름을 쓰면 인영, 민호, 소민입니다.

2-1 ㉠: 6칸, ㉡: 4칸
➡ 6은 4보다 크므로 더 넓은 곳은 ㉠입니다.

참고
작은 한 칸의 모양과 크기가 같으므로 칸 수가 많을수록 더 넓습니다.

2-2 ㉠: 8칸, ㉡: 7칸
➡ 7은 8보다 작으므로 더 좁은 곳은 ㉡입니다.

2-3 가: 5칸, 나: 7칸
➡ 7은 5보다 크므로 더 넓은 곳은 나입니다.

3-1 치약을 매단 고무줄이 더 많이 늘어났으므로 치약이 더 무겁습니다.

중요
매단 물건의 무게가 무거울수록 고무줄이 더 많이 늘어납니다.

3-2 귤을 매단 고무줄이 더 적게 늘어났으므로 귤이 더 가볍습니다.

3-3 국자를 매단 고무줄이 가장 많이 늘어났으므로 국자가 가장 무겁습니다.

4-1 담을 수 있는 양이 적을수록 물을 더 빨리 받게 됩니다. ➡ ㉡이 ㉠보다 물을 더 빨리 받게 됩니다.

4-2 담을 수 있는 양이 많을수록 물을 더 늦게까지 받게 됩니다.
➡ ㉠이 ㉡보다 물을 더 늦게까지 받게 됩니다.

4-3 담을 수 있는 양이 적을수록 물을 더 빨리 받게 됩니다.
➡ ㉡이 물을 가장 빨리 받을 수 있고, ㉢이 물을 가장 늦게까지 받게 됩니다.

---

1 기차
2 수영장
3
4 ( )(△)(○)
5 예 담긴 주스의 양은 가가 다보다 더 적습니다.
6 (1) 큽니다에 ○표 (2) 작습니다에 ○표
7
8 예

---

9 현진
10 형
11 2개
12 책장
13 희수, 지호, 지율
14 나
15

5 **평가 기준**
'더 적습니다', '더 많습니다' 등을 사용하여 담긴 주스의 양을 비교하는 문장을 바르게 썼으면 정답으로 합니다.

6 (1) 현규는 재희보다 키가 더 큽니다.
(2) 수지는 키가 가장 작습니다.

8 담을 수 있는 물의 양은 오른쪽 그릇이 왼쪽 그릇보다 더 많습니다. 따라서 왼쪽 그릇의 물을 옮겨 담아도 오른쪽 그릇에 물이 가득 차지 않습니다.

9 4층은 7층보다 더 낮으므로 더 낮은 곳에 사는 사람은 현진입니다.

10 겹쳐 맞대어 보았을 때 많이 남을수록 넓이가 더 넓습니다.
➡ 가장 넓은 피자 조각을 먹은 사람은 형입니다.

11 붓보다 길이가 더 긴 것은 지팡이, 풍선으로 모두 2개입니다.

12 책상은 의자보다 더 높고, 책장은 책상보다 더 높으므로 가장 높은 것은 책장입니다.

13 위쪽 끝이 맞추어져 있으므로 아래쪽 끝이 많이 남을수록 키가 더 작습니다.
➡ 키가 큰 사람부터 차례로 이름을 쓰면 희수, 지호, 지율입니다.

14 • 가와 다는 그릇의 모양과 크기가 같으므로 우유의 높이가 더 낮은 가에 담긴 우유의 양이 더 적습니다.
　　• 가와 나의 우유의 높이는 같으므로 그릇의 크기가 더 작은 나에 담긴 우유의 양이 더 적습니다.
　　➡ 담긴 우유의 양이 가장 적은 것은 나입니다.

15 가장 많이 찌그러진 상자에는 가장 무거운 동물이, 가장 적게 찌그러진 상자에는 가장 가벼운 동물이 올라갔을 것입니다.
　　➡ 왼쪽 상자에는 소, 가운데 상자에는 병아리, 오른쪽 상자에는 강아지가 올라갔습니다.

102~107쪽 3단계 심화 유형 연습

심화 1 ① 4개 / 7개 ② 승유
1-1 경수　　　　　　**1**-2 지호
심화 2 ① 오른쪽에 ○표 ② 1개, 2개
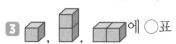
③ 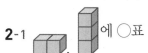에 ○표

2-1 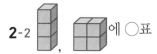에 ○표

2-2 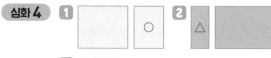에 ○표

- -

심화 3 ① 민주 / 지애 ② 민주
3-1 지수
3-2 사과나무, 감나무, 밤나무
심화 4 ①
②
③ 주황색
4-1 빨간색　　　　　　**4**-2 우영

- -

심화 5 ① 승훈 ② 지호 ③ 승훈, 경태, 지호
5-1 미애, 영지, 승주
5-2 지혜, 진영, 은아
심화 6 ① ㉮ ② ㉰ ③ ㉰
6-1 ㉮　　　　　　**6**-2 가

심화 1 ① 상자를 은재는 위로 4개, 승유는 위로 7개 쌓았습니다.
　② 7은 4보다 크므로 쌓은 상자의 높이가 더 높은 사람은 승유입니다.

1-1 ① 블록을 혜지는 위로 8개, 경수는 위로 5개 쌓았습니다.
　② 5가 8보다 작으므로 쌓은 블록의 높이가 더 낮은 사람은 경수입니다.

1-2 ① 주사위를 다은이는 위로 6개, 도윤이는 위로 5개, 지호는 위로 9개 쌓았습니다.
　② 6, 5, 9 중 가장 큰 수는 9이므로 쌓은 주사위의 높이가 가장 높은 사람은 지호입니다.

심화 2 ① 저울이 오른쪽으로 내려갔으므로 오른쪽이 더 무겁습니다.
　② □ 안에 들어갈 수 있는 쌓기나무는 3개보다 더 적은 1개, 2개이다.
　③ □ 안에 들어갈 수 있는 쌓기나무는 　, 　, 　 입니다.

참고
쌓기나무 1개, 2개로 만들어진 모양을 찾습니다.

2-1 ① 저울이 왼쪽으로 내려갔으므로 왼쪽이 더 무겁습니다.
　② □ 안에 들어갈 수 있는 쌓기나무는 4개보다 더 적은 1개, 2개, 3개입니다.
　③ □ 안에 들어갈 수 있는 쌓기나무는 　, 　 입니다.

2-2 ① 저울이 오른쪽으로 내려갔으므로 오른쪽이 더 무겁습니다.
　② □ 안에 들어갈 수 있는 쌓기나무는 2개보다 더 많은 3개, 4개, ...입니다.
　③ □ 안에 들어갈 수 있는 쌓기나무는 　, 　 입니다.

심화 3 ① 민주는 재호보다 키가 더 크고, 재호는 지애보다 키가 더 큽니다.
　② 키가 가장 큰 사람은 민주입니다.

3-1 ❶ 지수는 경환이보다 키가 더 크고, 경환이는 준호보다 키가 더 큽니다.
❷ 키가 가장 큰 사람은 지수입니다.

3-2 ❶ 사과나무는 감나무보다 키가 더 크고, 감나무는 밤나무보다 키가 더 큽니다.
❷ 키가 큰 나무부터 차례로 이름을 쓰면 사과나무, 감나무, 밤나무입니다.

심화 4 ❶, ❷ 두 조각을 겹쳐 맞대어 비교해 보면 모자라는 쪽이 더 좁습니다.
❸ ○표와 △표 한 두 조각을 겹쳐서 비교해 보면 주황색 조각이 더 좁으므로 가장 좁은 조각의 색은 주황색입니다.

4-1
❶ 빨간색 색종이를 자른 조각 중 더 넓은 것은 ㉠입니다.
❷ 초록색 색종이를 자른 두 조각은 넓이가 같습니다.
❸ ㉠과 ㉡의 넓이를 겹쳐 맞대어 비교해 보면 ㉠이 ㉡보다 더 넓으므로 가장 넓은 조각의 색은 빨간색입니다.

4-2
수지   우영
❶ 수지가 자른 조각 중 가장 좁은 것은 ㉠입니다.
❷ 우영이가 자른 조각 중 가장 좁은 것은 ㉡입니다.
❸ ㉠과 ㉡의 넓이를 겹쳐 맞대어 비교해 보면 ㉡이 ㉠보다 더 좁으므로 가장 좁은 조각은 우영이의 것입니다.

심화 5 ❶ 승훈이는 지호보다 더 가볍고, 경태보다도 더 가벼우므로 가장 가벼운 사람은 승훈입니다.
❷ 지호는 승훈이보다 더 무겁고, 경태보다도 더 무거우므로 가장 무거운 사람은 지호입니다.
❸ 가벼운 사람부터 차례로 이름을 쓰면 승훈, 경태, 지호입니다.

5-1 ❶ 미애는 승주보다 더 가볍고, 영지보다도 더 가벼우므로 가장 가벼운 사람은 미애입니다.
❷ 승주는 미애보다 더 무겁고, 영지보다도 더 무거우므로 가장 무거운 사람은 승주입니다.

❸ 가벼운 사람부터 차례로 이름을 쓰면 미애, 영지, 승주입니다.

5-2 ❶ 은아는 진영이보다 더 가볍고, 진영이는 지혜보다 더 가벼우므로 가장 가벼운 사람은 은아입니다.
❷ 지혜는 진영이보다 더 무겁고, 진영이는 은아보다 더 무거우므로 가장 무거운 사람은 지혜입니다.
❸ 무거운 사람부터 차례로 이름을 쓰면 지혜, 진영, 은아입니다.

심화 6 ❶ ㉮에 가득 담은 물을 ㉯에 부으면 넘치므로 담을 수 있는 양은 ㉮가 ㉯보다 더 많습니다.
❷ ㉮에 가득 담은 물을 ㉰에 부으면 가득 차지 않으므로 담을 수 있는 양은 ㉰가 ㉮보다 더 많습니다.
❸ 담을 수 있는 양이 가장 많은 그릇은 ㉰입니다.

6-1 ❶ ㉰에 가득 담은 물을 ㉮에 부으면 넘치므로 담을 수 있는 양은 ㉮가 ㉰보다 더 적습니다.
❷ ㉰에 가득 담은 물을 ㉯에 부으면 가득 차지 않으므로 담을 수 있는 양은 ㉰가 ㉯보다 더 적습니다.
❸ 담을 수 있는 양이 가장 적은 그릇은 ㉮입니다.

6-2 ❶ 가에 주스를 가득 담아 나에 부으면 넘치므로 담을 수 있는 양은 가가 나보다 더 많습니다.
❷ 다에 가득 담은 주스를 나에 부으면 가득 차지 않으므로 담을 수 있는 양은 나가 다보다 더 많습니다.
❸ 담을 수 있는 양이 가장 많은 그릇은 가입니다.

108~109쪽 3단계 심화 ➕ 유형 완성

1 나	**2** 준기
3 민규	**4** ㉡, ㉠, ㉢, ㉣
5 성빈	**6** 초록색 상자

1 저울은 무거운 쪽으로 내려가므로 나가 가보다 더 가볍습니다.
➡ 깃털이 돌멩이보다 더 가벼우므로 깃털을 담은 자루는 나입니다.

2 아래쪽 끝이 맞추어져 있으므로 위쪽 끝이 많이 남을수록 키가 더 큽니다. 키가 큰 사람부터 차례로 쓰면 효태, 준기, 예나, 윤호이므로 키가 두 번째로 큰 사람은 준기입니다.

3 남은 물이 더 많은 사람이 물을 더 적게 마신 사람입니다. 따라서 물의 높이가 가장 높은 민규가 물을 가장 적게 마셨습니다.

4 양쪽 끝이 맞추어져 있으므로 많이 구부러져 있을수록 끈이 더 깁니다.
→ 긴 끈부터 차례로 쓰면 ㉡, ㉠, ㉢, ㉣입니다.

5 크기가 같은 바닥은 타일이 넓을수록 타일을 붙이는 횟수가 더 적습니다.
→ 성빈이가 경혜보다 더 빨리 붙이게 됩니다.

6 초록색 상자는 노란색 상자보다 바닥에 있는 면이 더 넓고, 빨간색 상자보다도 바닥에 있는 면이 더 넓으므로 초록색 상자는 노란색 상자와 빨간색 상자보다 바닥에 있는 면이 더 넓습니다. 또한 보라색 상자는 바닥에 있는 면이 가장 좁으므로 바닥에 있는 면이 가장 넓은 상자는 초록색 상자입니다.

110~111쪽 Test **단원 실력 평가**

1 (◯)(   )

2 ✕ (점들을 잇는 선)

3 수지, 승미

4 ㉡

5 사탕

6 파란색

7 예 (사각형 그림)

8 선재

9 ㉠

10 빨간색

11 예 ❶ 가위보다 더 짧은 것을 찾아보면 지우개, 연필입니다.
❷ 가위보다 더 짧은 것은 모두 2개입니다.
답 2개

12 ㉠

13 예 ❶ ㉮는 ㉯보다 더 가벼우므로 ㉯는 ㉮보다 더 무겁습니다.
❷ ㉰는 ㉯보다 더 무거우므로 무거운 상자부터 차례로 기호를 쓰면 ㉰, ㉯, ㉮입니다.
답 ㉰, ㉯, ㉮

14 가

4 양쪽 끝이 맞추어져 있으므로 구부러져 있는 ㉡이 더 깁니다.

> **참고**
> 양쪽 끝이 맞추어져 있을 때에는 많이 구부러져 있을수록 더 깁니다.

5 병의 모양과 크기가 모두 같으므로 무거운 물건을 넣을수록 더 무겁습니다.
→ 사탕을 넣은 병이 솜을 넣은 병보다 더 무겁습니다.

7 우표보다는 더 넓고 방석보다 더 좁은 모양을 그립니다.

8

선재   연희
→ 선재가 쌓은 블록의 높이가 더 높습니다.

9 보기의 컵보다 더 크면 가득 담긴 물이 넘치지 않게 모두 옮겨 담을 수 있습니다.
→ ㉠이 보기의 컵보다 더 큽니다.

10 용수철이 길게 늘어날수록 더 무겁습니다.
→ 빨간색 구슬이 파란색 구슬보다 더 무겁습니다.

11 평가 기준
❶ 가위보다 더 짧은 것을 찾음.
❷ 가위보다 더 짧은 것이 모두 몇 개인지 구함.

12 • ㉡과 ㉢의 통의 모양과 크기가 같으므로 물의 높이가 더 낮은 ㉢에 담긴 물의 양이 더 적습니다.
• ㉠과 ㉢의 물의 높이가 같으므로 통의 크기가 더 작은 ㉠에 담긴 물의 양이 더 적습니다.
→ 담긴 물의 양이 가장 적은 것은 ㉠입니다.

13 평가 기준
❶ ㉮와 ㉯ 중 더 무거운 것을 구함.
❷ ㉯와 ㉰ 중 더 무거운 것을 구하여 세 상자의 무게를 비교하여 바르게 답을 구함.

14 도화지가 넓을수록 사용하는 도화지의 수가 더 적습니다. 도화지를 겹쳐 맞대어 비교해 보면 가장 넓은 도화지는 가이므로 사용하는 도화지의 수가 가장 적으려면 가를 붙여야 합니다.

5 50까지의 수

1 ◯◯◯◯◯ / ◯◯◯◯◯ , 10

2 ♡♡♡♡♡ ♡♡♡♡♡

3 10
4 4
5 2
6 (1) 열에 ◯표 (2) 십에 ◯표
7 10개
8 5개

9 12에 ◯표
10 예 [그림], 14
11 예 [사과 그림]

12 19
13 [점 잇기]
14 지호
15 3개
16 17장
17 12
18 15, 12 / 15, 12
19 13살
20 (위에서부터) 7, 15
21 8, 5
22 14개

23 12
24 16
25 9, 7
26 13개
27 8, 9
28 [주사위 그림]
29
30 예 [막대 그림] / 7, 5
31 ㉡

3 노란색 구슬 3개와 파란색 구슬 7개를 모으면 구슬은 모두 10개입니다. ➡ 3과 7을 모으면 10입니다.

4 구슬 10개는 분홍색 구슬 6개와 연두색 구슬 4개로 가르기할 수 있습니다.
➡ 10은 6과 4로 가르기할 수 있습니다.

5 8보다 1만큼 더 큰 수는 9이고, 9보다 1만큼 더 큰 수는 10이므로 10은 8보다 2만큼 더 큰 수입니다.

6 (1) 상자에 공이 10(열)개 들어 있습니다.
(2) 내 생일은 3월 10(십)일입니다.

7 9보다 1만큼 더 큰 수는 10이므로 옥수수는 모두 10개입니다.

8 5와 모아서 10이 되는 수는 5이므로 구슬은 5개 더 필요합니다.

10 지우개를 10개씩 묶어 보면 10개씩 묶음 1개와 낱개 4개이므로 14입니다.

12 10개씩 묶음 1개와 낱개 9개 ➡ 19

> 참고
> 10개씩 묶음 1개와 낱개 ▲개 ➡ 1▲

13 11 ➡ 십일, 열하나
18 ➡ 십팔, 열여덟

14 지호: 19 ➡ 열아홉

15 그려져 있는 ◯는 10개입니다. 13은 10개씩 묶음 1개와 낱개 3개이므로 ◯를 3개 더 그려야 합니다.

16 10장씩 묶음 1개와 낱개 7장은 17장입니다.

17 블록을 10개씩 묶어 보면 10개씩 묶음 1개와 낱개 2개이므로 12개입니다.

18 당근은 15개이고 오이는 12개입니다.
10개씩 묶음의 수가 1개로 같으므로 낱개의 수를 비교하면 15는 12보다 큽니다.

19 10살을 나타내는 긴 초 1개와 1살을 나타내는 짧은 초 3개는 13살을 나타내므로 형의 나이는 13살입니다.

20 ◆ 모양 8개와 ● 모양 7개를 모으면 모두 15개가 됩니다. ➡ 8과 7을 모으면 15입니다.

22 바둑돌 7개와 7개를 모으면 14개이므로 빈 곳에 들어갈 바둑돌은 14개입니다.

25 · I5는 6과 9로 가르기할 수 있습니다.
　　· I5는 8과 7로 가르기할 수 있습니다.

26 4와 9를 모으면 I3입니다.

27 8과 9를 모으면 I7입니다.

28 6과 모아서 I I이 되는 수는 5이므로 빈 곳에 주사위의 눈을 5개 그려 넣습니다.

29 I6은 8과 8로 가르기할 수 있습니다.
따라서 오른쪽 접시에 담은 토마토는 8개이므로 ○를 8개 그립니다.

30 빨간색으로 칠한 칸 수와 초록색으로 칠한 칸 수로 가르기합니다.

> **참고**
> I2는 I과 I1, 2와 I0, 3과 9, 4와 8, 5와 7, 6과 6, 7과 5, 8과 4, 9와 3, I0과 2, I1과 I로 가르기할 수 있습니다.

31 ㉠ 5와 8을 모으면 I3입니다.
㉡ 8과 6을 모으면 I4입니다.
㉢ 9와 4를 모으면 I3입니다.

119쪽 1단계 기본 ✚ 유형 완성

1-1 ㉢　　　**1-2** ㉡　　　**1-3** ㉡
2-1 (왼쪽에서부터) I2, I7
2-2 (위에서부터) I4, I6
2-3 (위에서부터) 8, I7

1-1 ㉠ 8　　㉡ 9　　㉢ I0
따라서 나타내는 수가 I0인 것은 ㉢입니다.

> **중요**
> 9보다 1만큼 더 큰 수 ⎫
> 8보다 2만큼 더 큰 수 ⎬ ➡ I0
> 7보다 3만큼 더 큰 수 ⎭

1-2 ㉠ I0　　㉡ 6　　㉢ I0
따라서 나타내는 수가 I0이 아닌 것은 ㉡입니다.

1-3 ㉠ I0　　㉡ 9　　㉢ I0　　㉣ I0
따라서 나타내는 수가 다른 하나는 ㉡입니다.

2-1 3과 9를 모으면 I2입니다.
I2와 5를 모으면 I7입니다.

2-2 5와 9를 모으면 I4입니다.
I4와 2를 모으면 I6입니다.

2-3 I3은 5와 8로 가르기할 수 있습니다.
8과 9를 모으면 I7입니다.

120~121쪽 2단계 실력 유형 연습

1 ○○○ / 3　　　　**2** I3개
3 십육, I6, 열여섯에 ○표
4 ㉡
5 (1) 6, 7(또는 7, 6)　(2) 5, 8(또는 8, 5)
6 5　　　　　　　　　**7** 4가지

1 바둑돌은 7개입니다. 7부터 이어 세면서 I0이 되도록 ○를 그리면 3개 더 그려야 합니다.
➡ 7보다 3만큼 더 큰 수는 I0입니다.

3 달걀은 I0개씩 묶음 I개와 낱개 6개이므로 모두 I6개입니다.
I6은 십육 또는 열여섯이라고 읽습니다.

4 I I은 7과 4로 가르기할 수 있으므로 ㉠=4이고 8과 모아서 I4가 되는 수는 6이므로 ㉡=6입니다.
따라서 더 큰 수는 ㉡입니다.

5 같은 모양: 🛢 모양은 6개이고 🔵 모양은 7개이므로 I3을 6과 7(또는 7과 6)로 가르기할 수 있습니다.
같은 색깔: 빨간색 모양은 5개이고 초록색 모양은 8개이므로 I3을 5와 8(또는 8과 5)로 가르기할 수 있습니다.

6 첫 번째 점의 수 5와 두 번째 점의 수 I을 모으면 6입니다.
6과 모아서 I I이 되는 수는 5이므로 도미노 ㉠의 점의 수는 5입니다.

7 정수와 동생이 귤 I0개를 나누어 먹는데 정수가 동생보다 더 많이 먹는 방법은 다음과 같습니다.

따라서 정수가 동생보다 더 많게 나누어 먹는 방법은 모두 4가지입니다.

123~127쪽 1단계 기본 유형 연습

1 3, 30   **2** 5

3 40 / 사십, 마흔

4

5

6 40개   **7** 20, 40 / 20, 40

8 3묶음

9 3, 2, 32   **10** 4, 3 / 43

11 (위에서부터) 5 / 3

12 하린   **13** 46

14 37   **15** 24개

16 25 / 12   **17** ㉡

18 7

19 (위에서부터) 29, 30, 32

20 (1) 22, 24 (2) 47, 49

21 50   **22** 스물둘

23 (위에서부터) 42, 40

24 (위에서부터) 6, 9 / 14, 20 / 25, 29 / 32, 34, 38

25 38번

26 31, 33, 34   **27** 44번

28 24개

29 (위에서부터) 23 / 36, 26 / 34, 41 / 30

30 큽니다에 ○표 / 작습니다에 ○표

31 28에 ○표   **32** 30, 23

33 유찬

34 18, 19 / (○)(   )

35 ㉢   **36** 감자

37 딸기

2 참고

10개씩 묶음 ▲개는 ▲0입니다.

3 10개씩 묶음이 4개이므로 40입니다.
40은 사십 또는 마흔이라고 읽습니다.

4 ○가 10개 그려져 있습니다.
20은 10개씩 묶음 2개이므로 ○를 10개 더 그려야 합니다.

5 · 10개씩 묶음 3개 ➡ 30(삼십, 서른)
· 10개씩 묶음 2개 ➡ 20(이십, 스물)

6 붕어빵이 10개씩 4묶음이므로 모두 40개입니다.

7 색종이는 10장씩 묶음 2개이므로 20장이고 연필은 10자루씩 묶음 4개이므로 40자루입니다.
10개씩 묶음의 수를 비교하면 2가 4보다 작으므로 20은 40보다 작습니다.

8 30은 10개씩 묶음 3개이므로 오징어는 3묶음이 됩니다.

11 25 ➡ 10개씩 묶음 2개와 낱개 5개
39 ➡ 10개씩 묶음 3개와 낱개 9개

12 지유: 29 ➡ 이십구, 스물아홉

중요

수는 두 가지 방법으로 읽을 수 있습니다.
예 21 ➡ 이십일, 스물하나

13 마흔여섯 ➡ 46

15 10개씩 묶음 2개와 낱개 4개는 24이므로 클립은 모두 24개입니다.

16 보라색: 10칸씩 묶음 2개와 낱개 5칸 ➡ 25칸
초록색: 10칸씩 묶음 1개와 낱개 2칸 ➡ 12칸

17 ㉠ 48 ㉡ 47 ㉢ 48 ㉣ 48
따라서 나타내는 수가 다른 하나는 ㉡입니다.

18 · 30은 10개씩 묶음 3개입니다. ➡ ㉠=3
· 45는 10개씩 묶음 4개와 낱개 5개입니다.
➡ ㉡=4
따라서 ㉠+㉡=3+4=7입니다.

19 27부터 33까지의 수를 순서대로 씁니다.
27-28-29-30-31-32-33

20 1만큼 더 작은 수는 바로 앞의 수이고, 1만큼 더 큰 수는 바로 뒤의 수입니다.

21 45부터 수를 순서대로 쓰면
45-46-47-48-49-50입니다.
➡ ㉠=50

22 21−22−23
→ 스물하나 − 스물둘 − 스물셋

23 39부터 43까지의 수를 아래에서부터 순서대로 씁니다. → 39−40−41−42−43

다른 풀이
43부터 수의 순서를 거꾸로 하여 씁니다.
→ 43−42−41−40−39

25 37보다 1만큼 더 큰 수는 38입니다.
→ 유진이의 보관함은 38번입니다.

26 30부터 34까지의 수를 순서대로 씁니다.
→ 30−31−32−33−34

27 수를 순서대로 쓰면 43−44−45입니다.
따라서 43번과 45번 사이에는 44번을 꽂아야 합니다.

28 25보다 1만큼 더 작은 수는 24이므로
지수가 가지고 있는 사탕은 24개입니다.

30 10개씩 묶음의 수는 2로 같으므로 낱개의 수를 비교합니다.
→ ┌ 28은 24보다 큽니다.
　 └ 24는 28보다 작습니다.

참고
10개씩 묶음의 수를 비교하고, 10개씩 묶음의 수가 같으면 낱개의 수를 비교합니다.

32 왼쪽: 10개씩 묶음 2개와 낱개 3개 → 23
오른쪽: 10개씩 묶음 3개 → 30
10개씩 묶음의 수를 비교하면 3이 2보다 크므로 30은 23보다 큽니다.

33 10개씩 묶음의 수를 비교하면 3이 4보다 작으므로 더 작은 수는 38입니다.

34 파란색 구슬은 18개이고 빨간색 구슬은 19개입니다.
10개씩 묶음의 수는 1로 같으므로 낱개의 수를 비교하면 18은 19보다 작습니다.

35 ㉢ 29는 31보다 작습니다.

36 17은 10개씩 묶음 1개와 낱개 7개입니다.
10개씩 묶음의 수를 비교하면 2는 1보다 크므로 감자의 수가 더 많습니다.

37 10개씩 묶음의 수가 4로 같으므로 낱개의 수를 비교하면 41은 43보다 작으므로 더 적은 것은 딸기입니다.

128~129쪽 **1**단계 **기본 ➕ 유형 완성**

3-1 2묶음	**3**-2 1판	**3**-3 2묶음
4-1 3권	**4**-2 5명	**4**-3 7개
5-1 28	**5**-2 39	**5**-3 하윤
6-1 43	**6**-2 23	**6**-3 41

3-1 50권은 10권씩 5묶음입니다.
공책이 10권씩 3묶음 있으므로 50권이 되려면 10권씩 5−3=2(묶음) 더 있어야 합니다.

3-2 30개는 10개씩 3판입니다.
달걀이 10개씩 2판 있으므로 30개가 되려면 10개씩 3−2=1(판) 더 있어야 합니다.

3-3 색종이가 모두 10장씩 1+2=3(묶음) 있습니다.
50장은 10장씩 5묶음이므로 5−3=2에서 10장씩 2묶음 더 있어야 합니다.

4-1 수를 순서대로 쓰면 41−⑷2−⑷3−⑷4−45이므로 41번과 45번 사이에 꽂혀 있는 책은 모두 3권입니다.

4-2 수를 순서대로 쓰면 28−㉙−㉚−㉛−㉜−㉝−34이므로 28번과 34번 사이에 서 있는 학생은 모두 5명입니다.

4-3 수를 순서대로 쓰면 39−㊵−㊶−㊷−㊸−㊹−㊺−㊻−47이므로 39와 47 사이에 있는 수는 모두 7개입니다.

5-1 10개씩 묶음의 수를 비교하면 가장 작은 수는 28입니다.

5-2 10개씩 묶음의 수를 비교하면 39와 35가 12보다 크고 39와 35의 10개씩 묶음의 수가 같으므로 낱개의 수를 비교하면 39가 35보다 큽니다.
→ 가장 큰 수는 39입니다.

5-3 하윤: 이십칠 → 27
리하: 30과 32 사이의 수 → 31
해수: 30보다 1만큼 더 작은 수 → 29
10개씩 묶음의 수를 비교하면 27과 29가 31보다 작고 27과 29의 10개씩 묶음의 수가 같으므로 낱개의 수를 비교하면 27이 29보다 작습니다.
따라서 가장 작은 수를 말한 사람은 하윤입니다.

6-1 10개씩 묶음의 수가 클수록 큰 수이고, 10개씩 묶음의 수가 같으면 낱개의 수가 클수록 큰 수입니다.
3, 1, 4 중에서 가장 큰 수인 4를 10개씩 묶음의 수로, 두 번째로 큰 수인 3을 낱개의 수로 하여 수를 만듭니다. ➔ 43

6-2 4, 2, 3 중에서 가장 작은 수인 2를 10개씩 묶음의 수로, 두 번째로 작은 수인 3을 낱개의 수로 하여 수를 만듭니다. ➔ 23

6-3 수 카드의 수를 큰 수부터 차례로 쓰면 4, 2, 1입니다.
만들 수 있는 가장 큰 몇십몇은 42이고 두 번째로 큰 수는 41입니다.

130~133쪽 2단계 실력 유형 연습

1 스물, 20에 ○표

2
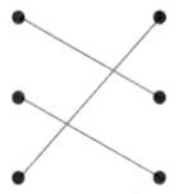

3 ②, ④

4 34개

5 40 / 30 / 40, 30

6

26	27	28	29	30	31	32	33
41	40	39	38	37	36	35	34
42	43	44	45	46	47	48	49

7 2개, 6송이

8 41, 26, 24

9 2개

10 23번

11 18장

12 38, 36, 32

13 소희

14 18, 19

15 3개

1 토마토를 10개씩 묶어 보면 10개씩 묶음 2개이므로 20입니다.
20 ➔ 이십, 스물

2 10개씩 묶음 4개 ➔ 40(사십, 마흔)
10개씩 묶음 3개 ➔ 30(삼십, 서른)
10개씩 묶음 5개 ➔ 50(오십, 쉰)

3 ① 열아홉 ➔ 19 ③ 서른여덟 ➔ 38
⑤ 사십칠 ➔ 47

4 10개씩 묶음 3개와 낱개 4개는 34입니다.

5 모자 모양을 한 개 만드는 데 연결 모형이 10개 필요합니다.
다은: 10개씩 묶음 4개이므로 40
지호: 10개씩 묶음 3개이므로 30
➔ 40은 30보다 큽니다.

6 ㄹ 모양을 따라 26부터 49까지의 수를 순서대로 쓰는 규칙입니다.

주의
첫 번째 줄에서는 수가 왼쪽에서 오른쪽으로 1씩 커지지만 두 번째 줄에서는 오른쪽에서 왼쪽으로 1씩 커지므로 ㄹ 모양을 따라 수를 차례로 씁니다.

7 26 ➔ 10개씩 묶음 2개와 낱개 6개
따라서 장미를 10송이씩 묶으면 꽃다발은 2개까지 만들 수 있고, 남는 장미는 6송이입니다.

8 10개씩 묶음의 수가 가장 큰 41이 가장 큰 수이고, 26과 24는 10개씩 묶음의 수가 2로 같으므로 낱개의 수를 비교하면 26이 24보다 큽니다.
따라서 큰 수부터 차례로 쓰면 41, 26, 24입니다.

9 **전략**
두 수 사이에 있는 수에는 두 수가 포함되지 않습니다.

㉠ 서른여섯 ➔ 36 ㉡ 삼십구 ➔ 39
36—㊲—㊳—39이므로 ㉠과 ㉡ 사이에 있는 수는 37, 38입니다. ➔ 2개

10
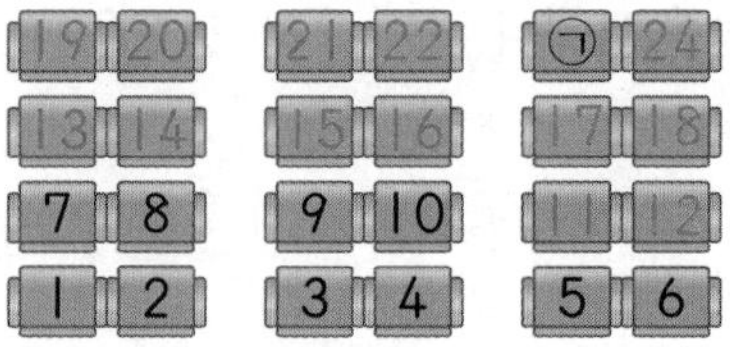

➔ ㉠에 놓인 의자는 23번입니다.

11 48장은 10장씩 묶음 4개와 낱개 8장이므로 남은 색종이는 10장씩 묶음 4−3=1(개)와 낱개 8장입니다. ➔ 18장

12 44−42−40에서 2씩 작아짐을 알 수 있습니다.
따라서 40보다 2만큼 더 작은 수는 38이고, 38보다 2만큼 더 작은 수는 36, 34보다 2만큼 더 작은 수는 32입니다.

13 10개씩 묶음의 수를 비교하면 42가 가장 큽니다.
35와 38의 낱개의 수를 비교하면 35가 38보다 작으므로 35가 가장 작은 수입니다.
따라서 딸기를 가장 적게 판 사람은 소희입니다.

14 10개씩 묶음 1개와 낱개 7개인 수: 17
→ 20보다 작은 수 중에서 17보다 큰 수는 18, 19입니다.

15 보기 의 모양을 만드는 데 블록이 10개 필요합니다. 오른쪽에 주어진 블록을 10개씩 묶으면 10개씩 묶음 3개이므로 보기 의 모양을 3개까지 만들 수 있습니다.

3단계 심화 유형 연습

심화 1 **1** 1개 / 4개 **2** 3개 / 4개 **3** 34개	
1-1 26장	1-2 43개
심화 2 **1** 12개 **2** 12 / 6, 6 **3** 6개	
2-1 8개	2-2 7장
심화 3 **1** 26개 **2** 25개 **3** 사과	
3-1 피자빵	3-2 오이
심화 4 **1** 3 **2** 1, 2 **3** 2개	
4-1 2개	4-2 4개
심화 5 **1** 1, 2 **2** 7 **3** 17, 27	
5-1 34, 44	5-2 3개
심화 6 **1** 35 / 40 **2** 36, 37, 38, 39 **3** 4명	
6-1 8명	6-2 7명

심화 1 **2** 찹쌀떡은 10개씩 묶음 2＋1＝3(개)와 낱개 4개입니다.

1-1 **1** 낱개 16장은 10장씩 묶음 1개와 낱개 6장입니다.
2 색종이는 10장씩 묶음 1＋1＝2(개)와 낱개 6장입니다.
3 색종이는 모두 26장입니다.

1-2 **1** 낱개 23개는 10개씩 묶음 2개와 낱개 3개입니다.
2 호두는 10개씩 묶음 2＋2＝4(개)와 낱개 3개입니다.
3 호두는 모두 43개입니다.

심화 2 **1** 8과 4를 모으면 12이므로 두 상자에 담긴 구슬은 모두 12개입니다.
2 12는 1과 11, 2와 10, 3과 9, 4와 8, 5와 7, 6과 6으로 가르기할 수 있으므로 똑같은 두 수로 가르는 경우는 6과 6으로 가르는 것입니다.
3 지수가 가질 수 있는 구슬은 6개입니다.

2-1 **1** 밤 7개와 9개를 모으면 16개가 됩니다.
2 16은 1과 15, 2와 14, 3과 13, 4와 12, 5와 11, 6과 10, 7과 9, 8과 8로 가르기할 수 있으므로 똑같은 두 수로 가르는 경우는 8과 8로 가르는 것입니다.
3 시안이가 먹을 수 있는 밤은 8개입니다.

2-2 **1** 딱지 10장과 4장을 모으면 14장이 됩니다.
2 14는 1과 13, 2와 12, 3과 11, 4와 10, 5와 9, 6과 8, 7과 7로 가르기할 수 있으므로 똑같은 두 수로 가르는 경우는 7과 7로 가르는 것입니다.
3 태호가 가질 수 있는 딱지는 7장입니다.

심화 3 **1** 10개씩 묶음 2개와 낱개 6개 → 26개
2 스물다섯 개 → 25개
3 10개씩 묶음의 수가 모두 같으므로 낱개의 수를 비교하면 28이 가장 큽니다.
→ 가장 많은 과일은 사과입니다.

3-1 **1** 크림빵: 10개씩 묶음 4개와 낱개 2개 → 42개
2 피자빵: 서른여섯 개 → 36개
3 10개씩 묶음의 수를 비교하면 36이 가장 작습니다. → 가장 적은 빵은 피자빵입니다.

3-2 **1** 낱개 24개는 10개씩 묶음 2개와 낱개 4개와 같습니다.
당근은 10개씩 묶음 2＋2＝4(개)와 낱개 4개이므로 모두 44개입니다.
2 오이: 마흔여섯 개 → 46개
호박: 서른아홉 개 → 39개
3 10개씩 묶음의 수를 비교하면 44와 46이 39보다 크고 낱개의 수를 비교하면 46이 44보다 크므로 46이 가장 큽니다.
→ 가장 많은 채소는 오이입니다.

심화 4 **1** ♥1은 30보다 작으므로 ♥는 3보다 작은 수입니다.
2 ♥는 3보다 작으므로 1, 2입니다.

4-1 **1** ★7은 29보다 크므로 ★은 2보다 큰 수입니다.

2 ★에 알맞은 수는 1부터 4까지의 수 중 2보다 큰 수이므로 3, 4입니다.

3 ★에 알맞은 수는 2개입니다.

4-2 **1** 3●는 34보다 작으므로 ●는 4보다 작은 수입니다.

2 ●에 알맞은 수는 0부터 9까지의 수 중에서 4보다 작은 수인 0, 1, 2, 3입니다.

3 ●에 알맞은 수는 모두 4개입니다.

심화5 **1** 10과 30 사이에 있는 수는 1□, 2□이므로 10개씩 묶음의 수는 1, 2입니다.

2 3과 4를 모으면 7이므로 낱개의 수는 7입니다.

3 10개씩 묶음 1개와 낱개 7개 ➔ 17
10개씩 묶음 2개와 낱개 7개 ➔ 27

5-1 **1** 30과 50 사이에 있는 수는 3□, 4□이므로 10개씩 묶음의 수는 3, 4입니다.

2 2와 2로 가르기를 할 수 있는 수는 4이므로 낱개의 수는 4입니다.

3 10개씩 묶음 3개와 낱개 4개 ➔ 34
10개씩 묶음 4개와 낱개 4개 ➔ 44

5-2 **1** 10과 40 사이에 있는 수는 1□, 2□, 3□입니다.

2 낱개의 수는 10개씩 묶음의 수와 같으므로 두 조건을 만족하는 수는 11, 22, 33입니다.

3 두 조건을 만족하는 수는 모두 3개입니다.

심화6 **1** 서른다섯 ➔ 35이므로 윤서는 35번입니다.
전체 학생 수가 40명이고 다해는 마지막에 서 있으므로 40번입니다.

2 35—㊱—㊲—㊳—㊴—40
35와 40 사이에 있는 수는 36, 37, 38, 39 입니다.

3 위 **2**에서 두 번호 사이에 있는 수는 4개이므로 윤서와 다해 사이에 서 있는 학생은 모두 4명입니다.

6-1 **1** 열일곱 ➔ 17, 스물여섯 ➔ 26
지민이는 17번이고 규식이는 26번입니다.

2 17과 26 사이에 있는 수는 18, 19, 20, 21, 22, 23, 24, 25입니다.

3 지민이와 규식이 사이에 서 있는 학생은 모두 8명입니다.

6-2 **1** 수혁이는 앞에서부터 마흔 번째에 서 있으므로 40번입니다.

2 50부터 거꾸로 3개의 수를 쓰면 50, 49, 48 이고 다영이는 뒤에서부터 세 번째에 서 있으므로 48번입니다.

3 40과 48 사이에 있는 수는 41, 42, 43, 44, 45, 46, 47입니다.

4 수혁이와 다영이 사이에 서 있는 학생은 모두 7명입니다.

140~141쪽 3단계 심화＋유형 완성

| **1** 11층 | **2** 30마리 | **3** 무당벌레 |
| **4** 35개 | **5** 7개 | **6** 39 |

1 16층에서 다섯 층을 내려오면

16—15—14—13—12—11

따라서 혜리는 11층에서 내렸습니다.

주의
16부터 거꾸로 5개의 수를 세어 12층이라고 답하지 않도록 주의합니다.

2 조기 1두름은 20마리이므로 10마리씩 2묶음입니다.
조기 2두름은 10마리씩 2+2=4(묶음)이고, 그 중에서 10마리씩 1묶음을 먹었으므로 남은 조기는 10마리씩 4—1=3(묶음)입니다. ➔ 30마리

3 노랑나비: 25마리
무당벌레: 30보다 2만큼 더 작은 수는 28이므로 28마리입니다.
잠자리: 25보다 1만큼 더 큰 수는 26이므로 26마리입니다.
➔ 가장 많이 있는 곤충은 무당벌레입니다.

4 낱개 15개는 10개씩 묶음 1봉지와 낱개 5개와 같습니다.
10개씩 묶음 3봉지와 낱개 15개는 10개씩 묶음 3+1=4(봉지)와 낱개 5개입니다.
따라서 언니에게 한 봉지를 주면 10개씩 묶음 3봉지와 낱개 5개가 남으므로 영채에게 남은 사탕은 35개입니다.

5 23보다 큰 수이므로 10개씩 묶음의 수는 2, 3, 4가 될 수 있습니다.
10개씩 묶음의 수가 2일 때: 24
10개씩 묶음의 수가 3일 때: 31, 32, 34
10개씩 묶음의 수가 4일 때: 41, 42, 43
➜ 모두 7개입니다.

6

		17	
		22	
25	26	27	28
	㉡		㉠

오른쪽으로 한 칸 갈 때마다 1씩 커지고, 아래쪽으로 한 칸 갈 때마다 5씩 커지는 규칙입니다.
㉡에 알맞은 수는 27-32-37에서 37이고,
㉠에 알맞은 수는 37-38-39에서 39입니다.

142~143쪽 Test 단원 실력 평가

1 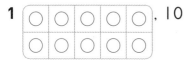, 10

2 13   **3** 11, 13
4 25 / 이십오, 스물다섯
5 ㉡   **6** 31, 32, 34
7 6, 5, 9   **8** 35에 ○표
9 11, 20, 26, 34, 42
10 32
11 예 ❶ 10개씩 5봉지 중에서 2봉지를 나누어 먹었으므로 남은 쿠키는 10개씩 5-2=3(봉지)입니다.
❷ 아정이에게 남은 쿠키는 10개씩 3봉지이므로 30개입니다. **답** 30개
12 7개   **13** 리하
14 예 ❶ 40과 50 사이에 있는 수는 4□이므로 10개씩 묶음의 수는 4입니다.
❷ 4와 2로 가르기를 할 수 있는 수는 6이므로 낱개의 수는 6입니다.
❸ 10개씩 묶음 4개와 낱개 6개는 46입니다.
답 46

---

2 6과 7을 모으면 13입니다.

3 12보다 1만큼 더 작은 수는 11이고, 1만큼 더 큰 수는 13입니다.

4 10개씩 묶음 2개와 낱개 5개이므로 25입니다.
25는 이십오 또는 스물다섯이라고 읽습니다.

5 43은 사십삼, 마흔셋이라고 읽습니다.
㉡ 서른넷 ➜ 34
따라서 나타내는 수가 나머지와 다른 하나는 ㉡입니다.

6 30부터 35까지의 수를 순서대로 씁니다.
➜ 30-31-32-33-34-35

7 13은 7과 6, 8과 5, 4와 9로 가르기할 수 있습니다.

8 10개씩 묶음의 수를 비교하면 가장 큰 수는 35입니다.

9 10개씩 묶음의 수를 비교하면 가장 작은 수는 11, 가장 큰 수는 42, 두 번째로 큰 수는 34입니다.
20과 26은 10개씩 묶음의 수가 2로 같으므로 낱개의 수를 비교하면 20은 26보다 작습니다.
➜ 11-20-26-34-42

10 3, 1, 2 중에서 가장 큰 수인 3을 10개씩 묶음의 수로, 두 번째로 큰 수인 2를 낱개의 수로 하여 수를 만듭니다. ➜ 32

11 평가 기준
❶ 남은 쿠키는 몇 봉지인지 구함.
❷ 남은 쿠키는 몇 개인지 구함.

12 5와 9를 모으면 14이므로 접시에 놓인 자두는 모두 14개입니다. 14를 똑같은 두 수로 가르기하면 7과 7이므로 은채가 먹을 수 있는 자두는 7개입니다.

13 리하: 10개씩 묶음 3개와 낱개 6개 ➜ 36개
준희: 서른다섯 개 ➜ 35개
10개씩 묶음의 수가 모두 같으므로 낱개의 수를 비교하면 36이 가장 큽니다.
➜ 구슬을 가장 많이 가지고 있는 사람은 리하입니다.

14 평가 기준
❶ 10개씩 묶음의 수를 구함.
❷ 낱개의 수를 구함.
❸ 조건을 모두 만족하는 수를 구함.

1 9까지의 수

1 단원 상위권 도전 문제

1 7개	**2** 4	**3** 6개
4 3	**5** 5층	**6** 뒤
7 7개	**8** 8	**9** 정국
10 7, 8	**11** 3명	

1 은호가 처음에 가지고 있던 풍선의 수보다 1만큼 더 큰 수는 8입니다. 8보다 1만큼 더 작은 수는 7이므로 은호가 처음에 가지고 있던 풍선은 7개입니다.

2 작은 수부터 순서대로 쓰면 4(四), 6(六), 7(七), 9(九)이므로 가장 작은 수는 4(四)입니다.

3 (왼쪽) 첫째 둘째 셋째 넷째 ────── 3개
▲ ▲ ▲ ● ── ▲ ▲
3개 넷째 셋째 둘째 첫째 (오른쪽)
➡ 찢어지기 전 색 테이프에서 ▲ 모양을 세어 보면 모두 6개입니다.

4 거꾸로 생각하면 왼쪽으로 한 칸 갈 때마다 1만큼 더 작아지고, 위로 한 칸 갈 때마다 1만큼 더 커집니다.

㉠	4	5		7	8
	4			6	
	3			5	
	2	3	4		

➡ ㉠에 알맞은 수는 4보다 1만큼 더 작은 수인 3입니다.

5

6층	은규
4층	민주

➡ 민주는 은규보다 아래에서 산다.

6층	은규
5층	지아
4층	민주

➡ 은규는 지아보다 한 층 위에서 산다.

따라서 지아는 5층에 살고 있습니다.

6 (앞) ○ ○ ○ ○ ○ ○ ○ ○ ○ (뒤)
5명 / 민준 / 3명

민준이의 앞에서 달리는 학생이 5명, 뒤에서 달리는 학생이 3명입니다. ➡ 5는 3보다 더 크므로 민준이의 뒤에서 달리는 학생 수가 더 적습니다.

7 사탕 1개는 초콜릿 2개로 바꿀 수 있으므로 사탕 2개는 초콜릿 4개로 바꿀 수 있습니다.
○ ○ ○ ○ ○ ○ ○ ➡ 7개
처음에 있던 초콜릿 / 바꾼 초콜릿

8 ㉠과 ㉡에 있는 수 중에 도훈이가 생각한 수가 있으므로 겹치는 수를 찾으면 2, 5, 8입니다.
㉢에 있는 수 1, 2, 3, 4, 5, 9에는 도훈이가 생각한 수가 없으므로 도훈이가 생각한 수는 8입니다.

9 7보다 크고 9보다 작은 수: 8 ➡ 민규: 8살
8보다 2만큼 더 작은 수: 6 ➡ 성재: 6살
6보다 3만큼 더 큰 수: 9 ➡ 정국: 9살
따라서 나이를 순서대로 쓰면 6, 8, 9이므로 나이가 가장 많은 사람은 정국입니다.

10 가위바위보에서 이기면 ○, 지면 ×로 나타내면 예나의 결과는 ×○××○이고 미연이의 결과는 ○×○○×입니다.
예나: 출발점 → 앞으로 2칸(7) → 뒤로 1칸(3) → 뒤로 1칸 → 앞으로 2칸 움직이면 7입니다.
미연: 앞으로 2칸(7) → 뒤로 1칸(3) → 앞으로 2칸(4) → 앞으로 2칸(5) → 뒤로 1칸 움직이면 8입니다.

11 주희 앞에는 한 명이 서 있으므로 다음과 같습니다.
(앞) [ ] [주희] [ ] [ ] [ ] [ ] (뒤)
장미와 현우 사이에는 한 명이 서 있으므로 다음과 같이 6가지가 있습니다.
① (앞) [장미][주희][현우][ ][ ][ ] (뒤)
② (앞) [현우][주희][장미][ ][ ][ ] (뒤)
③ (앞) [ ][주희][장미][ ][현우][ ] (뒤)
④ (앞) [ ][주희][현우][ ][장미][ ] (뒤)
⑤ (앞) [ ][주희][ ][장미][ ][현우] (뒤)
⑥ (앞) [ ][주희][ ][현우][ ][장미] (뒤)
혜지는 윤호보다 앞에 있고, 혜지와 윤호 사이에는 2명이 서 있으므로 조건에 맞는 경우는 ③, ④일 때입니다.
(앞) [혜지][주희][장미][윤호][현우][유미] (뒤)
(앞) [혜지][주희][현우][윤호][장미][유미] (뒤)
➡ 윤호 앞에는 모두 3명이 서 있습니다.

1 단원 경시대회 예상 문제

1 5권	**2** 8, 5, 7, 6	**3** 6개
4 5가지	**5** 3층	**6** 4개

1 아래에서 넷째에 있는 책의 색깔을 알아봅니다.
가: 초록색, 나: 노란색, 다: 파란색
유진이가 쌓은 놓은 것은 다이고 연두색 책과 빨간
색 책 사이에 쌓아 놓은 책은 회색, 파란색, 초록색,
분홍색, 노란색 책으로 5권입니다.

2 ㉠: 팔 ➡ 8
㉡에 들어갈 수: 4보다 1만큼 더 큰 수 ➡ 5
㉢에 들어갈 수: 8보다 1만큼 더 작은 수 ➡ 7
㉣에 들어갈 수: 5보다 1만큼 더 큰 수 ➡ 6

3 명호, 준휘, 정한이는 바위를 낸 원우에게 졌으므로
모두 가위를 냈습니다. 바위는 펼친 손가락이 없고
가위는 펼친 손가락의 수가 2개이므로 펼친 손가락
의 수를 ○로 그려 세어 보면
○○○○○○이므로 모두 6개입니다.
명호 준휘 정한

4 5개의 수 중 4개를 고르는 것이므로 1개의 수를 빼
고 큰 수부터 거꾸로 늘어놓습니다.
0이 빠지는 경우: 4, 3, 2, 1 ⎤
1이 빠지는 경우: 4, 3, 2, 0 ⎥
2가 빠지는 경우: 4, 3, 1, 0 ⎬ ➡ 5가지
3이 빠지는 경우: 4, 2, 1, 0 ⎥
4가 빠지는 경우: 3, 2, 1, 0 ⎦

5

4층 빨간색
3층
2층 파란색
1층 노란색

2층 아래 ↔ 3층 위

• 노란색 등을 설치한 층보다 위에 3개의 등을 설치
하였으므로 노란색 등은 1층에 설치했습니다.
• 빨간색 등은 노란색 등보다 3층 위에 설치했으므
로 1보다 3만큼 더 큰 수인 4층에 설치했습니다.
• 파란색 등은 빨간색 등보다 2층 아래에 설치하였
으므로 4보다 2만큼 더 작은 수인 2층에 설치했
습니다.
따라서 초록색 등은 3층에 설치했습니다.

6 지효가 소민이에게 칭찬 붙임딱지 1개를 준다면 두
사람이 가지고 있는 칭찬 붙임딱지의 수가 같아지므
로 소민이는 지효보다 칭찬 붙임딱지를 2개 더 적게
가지고 있습니다. 반대로 소민이가 지효에게 칭찬
붙임딱지 1개를 준다면 처음 2개의 차이에서 2개의
차이가 더 나게 되므로 소민이는 지효보다 칭찬 붙
임딱지가 4개 더 적습니다.

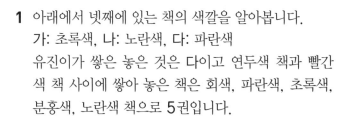

2 여러 가지 모양

1 4개	**2** 나	**3** ▢에 ○표
4 ㉢	**5** 3가지	**6** 2개

1 쌓을 수도 있고 잘 굴러가는 모양의 물건은 평평한 부분
과 둥근 부분이 있는 ▢ 모양입니다.
▢ 모양을 찾으면 페인트 통, 저금통, 물통, 휴지입
니다. ➡ 4개

2 왼쪽: ▢ 모양 3개, ▢ 모양: 4개, ● 모양: 3개
가: ▢ 모양 3개, ▢ 모양: 3개, ● 모양: 3개
나: ▢ 모양 3개, ▢ 모양: 4개, ● 모양: 3개
다: ▢ 모양 3개, ▢ 모양: 4개, ● 모양: 2개
➡ 왼쪽 모양을 모두 사용하여 만들 수 있는 모양은
나입니다.

3 지호: ▢ 모양과 ● 모양을 사용했습니다.
윤지: ▢ 모양과 ▢ 모양을 사용했습니다.
민아: ▢ 모양과 ▢ 모양을 사용했습니다.
➡ 공통으로 사용한 모양은 ▢ 모양입니다.

4 구멍으로 본 모양은 ● 모양의 일부분입니다.
➡ ● 모양의 물건은 ㉢입니다.

5 서로 다른 색을 ①, ②, ③, …이라
고 하면 위에서부터 색을 칠하고 만
나는 모양은 다른 색으로 칠합니다.
이때 색을 가장 적게 사용해야 하므
로 사용했던 색으로 계속 칠해야 합
니다. 오른쪽과 같이 같은 숫자끼리
같은 색으로 칠하면 모두 3가지 색으로 칠할 수 있
습니다.

6 오른쪽 모양은 ▢ 모양 3개, ▢ 모양 6개, ● 모양
5개로 만들었습니다. ▢ 모양 2개, ▢ 모양 1개,
● 모양 1개가 남았으므로 만들기 전에 있던 ▢ 모
양은 3보다 2만큼 더 큰 수인 5개, ▢ 모양은 6보
다 1만큼 더 큰 수인 7개, ● 모양은 5보다 1만큼
더 큰 수인 6개입니다.
따라서 가장 많은 모양은 7개, 가장 적은 모양은 5
개이고 7은 5보다 2만큼 더 큰 수이므로 가장 많은
모양은 가장 적은 모양보다 2개 더 많습니다.

10~11쪽 **2** 단원 경시대회 예상 문제

1 2개	**2** ㉠	**3** 4개, 7개
4 ▱에 ○표	**5** ㉡	**6** 1개

1 유리네 교실에 있는 물건은 ▱ 모양 2개, ◗ 모양 3개, ● 모양 3개입니다.
평평한 부분이 있는 물건은 ▱ 모양과 ◗ 모양이므로 5개이고, 평평한 부분이 없는 물건은 ● 모양으로 3개입니다.
따라서 5는 3보다 2만큼 더 큰 수이므로 평평한 부분이 있는 물건은 평평한 부분이 없는 물건보다 2개 더 많습니다.

2 ◗ ▱ ● ● 모양이 반복되는 규칙입니다.
➜ 가에 알맞은 모양은 ● 모양이고 ● 모양을 찾으면 ㉠입니다.

3 ▱ 모양이 1개, 2개, 3개로 1개씩 늘어나고 ◗ 모양이 1개, 3개, 5개로 2개씩 늘어납니다.
따라서 빈 곳에 ▱ 모양은 3보다 1만큼 더 큰 수인 4개, ◗ 모양은 5보다 2만큼 더 큰 수인 7개를 놓아야 합니다.

4 오른쪽 모양은 ▱ 모양 7개, ◗ 모양 6개, ● 모양 4개로 만들었습니다.
▱ 모양은 1개가 부족했으므로 7보다 1만큼 더 작은 수인 6개이고 ◗ 모양은 3개가 부족했으므로 6보다 3만큼 더 작은 수인 3개입니다.
따라서 지아가 가지고 있는 모양 중에서 가장 많은 모양은 ▱ 모양입니다.

5 둥근 부분도 있고 평평한 부분도 있는 모양은 ◗ 모양이고, 뾰족한 부분이 있는 모양은 ▱ 모양, 어느 방향으로도 잘 굴러갈 수 있는 모양은 ● 모양입니다.
따라서 설명대로 쌓은 모양은 ㉡입니다.

6 평평한 부분이 2개인 모양은 ◗ 모양, 평평한 부분이 6개인 모양은 ▱ 모양입니다. 사용한 모양 중 ◗ 모양은 5개, ▱ 모양은 4개입니다.
5는 4보다 1만큼 더 큰 수이므로 평평한 부분이 2개인 모양은 평평한 부분이 6개인 모양보다 1개 더 많습니다.

3 덧셈과 뺄셈

12~15쪽 **3** 단원 상위권 도전 문제

1 7개	**2** 6줄	**3** 3
4 ㉡, ㉣	**5** 3개	**6** 3

7 ㉠ 8−6−2 ㉡ 1+3+5
8 2, 5 / 3, 4 **9** 1, 5
10 4개 **11** 3개

1 (성재가 처음에 가지고 있던 풍선의 수)+1=8이므로 성재가 처음에 가지고 있던 풍선은 8−1=7(개)입니다.

2 줄의 수가 가장 많은 악기: 아쟁(8줄)
줄의 수가 가장 적은 악기: 해금(2줄)
➜ 줄의 수가 가장 많은 악기는 줄의 수가 가장 적은 악기보다 8−2=6(줄) 더 많습니다.

3 ① ★−■=■, ② ★+■=9라고 할 때 ①이 될 수 있는 식은 2−1=1, 4−2=2, 6−3=3, 8−4=4, …입니다. 이 중에서 ②를 만족하는 것은 ★=6, ■=3일 때입니다.

4 ㉠ 2+1=3 ㉡ 4+1=5
㉢ 4+2=6 ㉣ 1+4=5
➜ 나무 2개의 나이테 수의 합이 같은 것: ㉡, ㉣

5 (형과 동생이 가지고 있는 팽이의 수)=1+7=8(개)
8을 똑같은 두 수로 가르기하면 4와 4입니다.
형은 팽이를 1개 가지고 있으므로 4개를 가지려면 4−1=3(개)가 더 있어야 합니다.
따라서 동생이 팽이 3개를 형에게 주면 형과 동생의 팽이의 수가 같아집니다.

6 지효가 가지고 있는 두 도미노의 눈의 수의 차가 6−2=4이므로 유미가 가지고 있는 두 도미노의 눈의 수의 차도 4입니다.
➜ 빈 곳에 그려야 할 도미노의 눈의 수는 7−4=3입니다.

7 전략
수를 한 개씩 지우고 나머지 두 수의 계산을 해 봅니다.

㉠ 8−6−2=6, 8−6−2=2
㉡ 1+3+5=8, 1+3+5=6, 1+3+5=4

→ 두 식에서 하나씩 수를 지워 계산 결과가 같은 때는 6이므로 ㉠ 8−6−2이고 ㉡ 1+3+5입니다.

8 합이 7인 두 수를 찾으면 1과 6, 2와 5, 3과 4, 4와 3, 5와 2, 6과 1입니다.
1과 6, 6과 1의 차: 6−1=5
2와 5, 5와 2의 차: 5−2=3
3과 4, 4와 3의 차: 4−3=1
→ 진수는 합이 7이고 차가 3인 두 수이므로 2와 5이고 예은이는 합이 7이고 차가 1인 두 수이므로 3과 4입니다.

9 보이지 않는 두 수와 3의 합이 9이므로 보이지 않는 두 수의 합은 9−3=6입니다.
모아서 6이 되는 두 수는 1과 5, 2와 4, 3과 3이고 이 중 두 수의 차가 4인 경우는 1과 5입니다.
→ 보이지 않는 두 수: 1, 5

10 • 사탕을 형이 동생보다 더 많이 가지도록 나누는 경우는 다음 중 한 가지입니다.

형 동생   형 동생   형 동생

• 초콜릿을 동생이 형보다 더 많이 가지도록 나누는 경우는 다음 중 한 가지입니다.

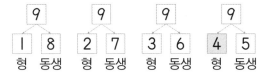

형 동생   형 동생   형 동생   형 동생

→ 형이 가진 사탕과 초콜릿의 수가 같을 때는 형이 초콜릿을 4개 가질 때이므로 형이 가진 사탕은 4개입니다.

11
은혜   정호   시연
8   4   7
5 3   □ ●   ☆ ▲
(먹은 귤)(남은 귤) (먹은 귤)(남은 귤) (먹은 귤)(남은 귤)

세 사람에게 남은 귤의 합이 7개이므로 3, ●, ▲를 모으면 7이고 ●와 ▲를 모으기하면 4입니다.
정호에게 남은 귤이 시연이에게 남은 귤보다 2개 더 적으므로 ●는 ▲보다 작고 ●와 ▲의 차는 2입니다.
→ ●=1, ▲=3
따라서 정호는 귤 4개 중에서 먹고 남은 귤이 1개이므로 먹은 귤은 4−1=3(개)입니다.

16~17쪽 **3** 단원 경시대회 **예상 문제**

1 5가지	2 1개	3 4
4 2개	5 3개	6 9개

1 차가 3인 뺄셈식: 7−4=3, 6−3=3, 5−2=3, 4−1=3, 3−0=3
→ 모두 5가지입니다.

2

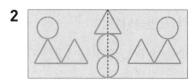

○ 모양: 4개, △ 모양: 5개
→ 5−4=1(개) 차이가 납니다.

3 ◆는 2보다 크고 7보다 작으므로 ◆가 될 수 있는 수는 3, 4, 5, 6입니다.
◆=3일 때 1과 3을 모으기하면 4이므로 ㉠=4
◆=4일 때 1과 4를 모으기하면 5이므로 ㉠=5
◆=5일 때 1과 5를 모으기하면 6이므로 ㉠=6
◆=6일 때 1과 6을 모으기하면 7이므로 ㉠=7
→ ㉠은 5보다 작으므로 4입니다.

4 8을 똑같은 두 수로 가르기하면 4와 4이므로 우식이에게 주고 난 후 서준이와 우식이가 가지고 있는 초콜릿은 4개입니다.
서준이가 우식이에게 초콜릿 2개를 주었으므로 선생님이 처음 우식이에게 나누어 주신 초콜릿은 4−2=2(개)입니다.

5 (전체 쿠키의 수)=5+2=7(개)
7은 1과 6으로 가르기할 수 있으므로 두 사람이 나누어 가진 쿠키는 6개입니다.
6은 똑같은 두 수 3과 3으로 가르기할 수 있으므로 한 사람이 가진 쿠키는 3개입니다.

6 (㉮ 주머니에 들어 있던 공의 수)=3+3=6(개)
(㉯ 주머니에 들어 있던 공의 수)=2+2=4(개)
(㉯ 주머니에서 꺼내어 ㉮ 주머니에 넣은 공의 수)
=4−1=3(개)
→ (지금 ㉮ 주머니에 들어 있는 공의 수)
=6+3=9(개)

4 비교하기

1 풀, 지우개   **2** 고등어
3 고추, 고구마, 감자   **4** ㉠
5 선호   **6** 학교

2 낚싯대가 많이 휘어질수록 물고기의 무게가 더 무거우므로 고등어가 가장 가볍습니다.

3 고구마는 14칸, 고추는 17칸, 감자는 13칸이므로 심은 밭이 넓은 것부터 차례로 쓰면 고추, 고구마, 감자입니다.

4 컵의 크기가 작을수록 담을 수 있는 물의 양이 더 적으므로 컵의 크기가 작을수록 붓는 횟수가 더 많아집니다.
➜ 붓는 횟수가 가장 많은 컵은 컵의 크기가 가장 작은 ㉠입니다.

5 승준이는 수아보다 더 무겁고, 가은이도 수아보다 더 무겁습니다. 또 가은이가 승준이보다 더 무거우므로 무거운 순서대로 쓰면 가은, 승준, 수아입니다. 이때 선호가 가은이보다 더 무거우므로 가장 무거운 사람은 선호입니다.

6 학교 건물은 병원 건물보다 더 낮고, 우체국 건물보다 더 높으므로 세 건물을 낮은 건물부터 차례로 쓰면 우체국, 학교, 병원입니다.
소방서 건물은 우체국 건물보다 더 낮으므로 낮은 건물부터 차례로 쓰면 소방서, 우체국, 학교, 병원입니다.
따라서 세 번째로 낮은 건물은 학교입니다.

1 재준, 유라, 현지, 정호
2 민호   **3** 다, 가, 나
4 나   **5** 지민

1 위쪽 끝과 맞추어져 있으므로 아래쪽 끝이 많이 남을수록 키가 더 작습니다.
➜ 키가 큰 사람부터 차례로 쓰면 재준, 유라, 현지, 정호입니다.

2 컵의 모양과 크기가 같으므로 남은 물의 양이 적을수록 마신 물의 양은 더 많습니다.
➜ 남은 물의 양이 가장 적은 사람은 민호이므로 물을 가장 많이 마신 사람은 민호입니다.

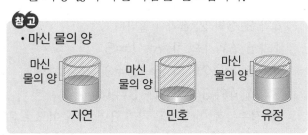
참고
• 마신 물의 양
마신 물의 양 — 지연   마신 물의 양 — 민호   마신 물의 양 — 유정

3 같은 크기의 ▢ 모양으로 나누어 개수를 세어 봅니다.

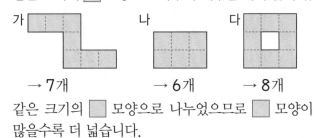
가   나   다
→ 7개   → 6개   → 8개

같은 크기의 ▢ 모양으로 나누었으므로 ▢ 모양이 많을수록 더 넓습니다.
➜ 넓은 것부터 차례로 쓰면 다, 가, 나입니다.

4 보기에서 구슬 1개를 넣으면 비커의 눈금이 $4-2=2$(칸) 높아집니다. 구슬 2개를 넣으면 비커의 눈금이 $2+2=4$(칸) 높아지므로 비커 가에 들어 있는 물의 높이는 $8-4=4$(칸)입니다.
➜ 비커 나는 물의 높이가 5칸이므로 물이 더 많이 들어 있는 비커는 나입니다.

5 • 유진: 노란색 구슬 2개는 빨간색 구슬 1개보다 더 무거우므로 노란색 구슬 4개는 빨간색 구슬 2개보다 더 무겁습니다. 따라서 노란색 구슬 5개는 빨간색 구슬 2개보다 더 무겁습니다.
• 세호: 노란색 구슬 2개는 빨간색 구슬 1개보다 더 무거우므로 노란색 구슬 6개는 빨간색 구슬 3개보다 더 무겁습니다. 파란색 구슬 2개는 노란색 구슬 3개보다 더 무거우므로 파란색 구슬 4개는 노란색 구슬 6개보다 더 무겁습니다. 무거운 것부터 차례로 쓰면 파란색 구슬 4개, 노란색 구슬 6개, 빨간색 구슬 3개입니다. 따라서 파란색 구슬 4개는 빨간색 구슬 3개보다 더 무겁습니다.
• 지민: 노란색 구슬 3개는 파란색 구슬 2개보다 더 가벼우므로 노란색 구슬 6개는 파란색 구슬 4개보다 더 가볍지만 노란색 구슬 7개가 파란색 구슬 4개보다 더 가벼운지는 알 수 없습니다.

⑤ 50까지의 수

1 8개	**2** 7번	**3** 40
4 15번	**5** 소연	
6 당근	**7** 7개	**8** 7
9 39	**10** 25	

1 5와 11을 모으면 16이므로 두 접시에 놓인 만두는 모두 16개입니다. 16을 똑같은 두 수로 가르기하면 8과 8이므로 진아가 먹을 수 있는 만두는 8개입니다.

2 8과 13 사이에 있는 수는 9-10-11-12입니다. 건물에 들어가려면 숫자 버튼 9, 1, 0, 1, 1, 1, 2를 눌러야 하므로 모두 7번 눌러야 합니다.

3

23		
28		
33	36	37
ⓛ	㉠	

오른쪽으로 한 칸 갈 때마다 1씩 커지고, 아래쪽으로 한 칸 갈 때마다 5씩 커지는 규칙입니다.

따라서 ⓛ에 알맞은 수는 33보다 5만큼 더 큰 수인 38이고, ㉠에 알맞은 수는 38보다 2만큼 더 큰 수인 40입니다.

4 11보다 크고 20보다 작은 수는 12, 13, 14, 15, 16, 17, 18, 19입니다. 이 중에서 10개씩 묶음의 수가 낱개의 수보다 4만큼 더 작은 수는 15이므로 야구 선수의 등번호는 15번입니다.

5 정하: 2, 3으로 만들 수 있는 더 큰 수는 32입니다.
소연: 1, 4로 만들 수 있는 더 큰 수는 41입니다.
따라서 41은 32보다 크므로 더 큰 수를 만들 수 있는 사람은 소연입니다.

6 가지: 47개, 당근: 45개, 오이: 46개
45가 가장 작은 수이므로 가장 적게 있는 채소는 당근입니다.

7 아버지의 나이는 41살보다 2살 더 많은 나이이므로 43살입니다. 큰 초의 수를 될 수 있는 대로 많이 준비할 때의 초의 수를 구하면 됩니다.
따라서 큰 초는 4개, 작은 초는 3개 준비해야 하므로 큰 초와 작은 초를 합해서 적어도 7개 준비하면 됩니다.

8 민석이가 41장으로 가장 많이 가지고 있고, 서진이가 세 번째로 많이 가지고 있다고 했으므로 지윤이가 두 번째로 많이 가지고 있습니다. 다음으로 서진이가 많이 가지고 있어야 하므로 서진이가 가지고 있는 색종이는 36장보다 많고 38장보다 적은 37장입니다.
따라서 □ 안에 알맞은 수는 7입니다.

9 시소가 아래로 내려간 쪽이 더 무거우므로 윤아는 재호보다 무겁고, 현서는 윤아보다 무겁습니다.
➡ 가장 무거운 사람은 현서입니다.
따라서 현서가 말한 수는 39입니다.

10 ① 19보다 크고 28보다 작은 수는 20, 21, 22, 23, 24, 25, 26, 27입니다.
② 10개씩 묶음 2개와 낱개 3개인 수는 23이므로 ①에서 구한 수 중에서 23보다 큰 수는 24, 25, 26, 27입니다.
③ ②에서 구한 수 중에서 10개씩 묶음의 수와 낱개의 수의 합이 7인 수는 25입니다.
➡ 세 가지 조건을 모두 만족하는 수는 25입니다.

1 8개	
2 21, 16, 19 / ㉠, ㉢, ㉡	
3 1, 2	**4** 14
5 ㉠	**6** 29, 30

1 18개는 10개씩 묶음 1개와 낱개 8개이므로 소연이가 가지고 있는 구슬은 10개씩 묶음 3+1=4(개)와 낱개 8개입니다. 이 중에서 10개씩 묶음 4개를 친구에게 주었으므로 남은 구슬은 8개입니다.

2 ㉠ X는 10, I는 1을 나타내므로 XXI ➡ 21
㉡ X는 10, VI는 6을 나타내므로 XVI ➡ 16
㉢ X는 10, IX는 9를 나타내므로 XIX ➡ 19
따라서 큰 수부터 차례로 기호를 쓰면 ㉠, ㉢, ㉡입니다.

3 ▲5는 34보다 작으므로 ▲에 알맞은 수는 3보다 작은 1, 2입니다. 44는 4▲보다 크므로 ▲에 알맞은 수는 1, 2, 3입니다.
따라서 ▲에 공통으로 들어갈 수 있는 수는 1, 2입니다.

4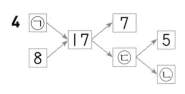

8과 모아서 17이 되는 수는 9이므로 ㉠은 9입니다.

17은 7과 10으로 가르기할 수 있으므로 ㉢은 10입니다.

10은 5와 5로 가르기할 수 있으므로 ㉡은 5입니다.

따라서 ㉠=9와 ㉡=5를 모으면 14입니다.

5 16-18-20으로 2만큼 커졌으므로 ㉠=24, 35-33-31로 2만큼 작아졌으므로 ㉡=29, 11-6-1로 5만큼 작아졌으므로 ㉢=26입니다.

따라서 가장 작은 수는 ㉢입니다.

6 23부터 5개의 수를 순서대로 쓰면 23, 24, 25, 26, 27이므로 ㉠은 28입니다.

35부터 4개의 수를 순서를 거꾸로 하여 쓰면 35, 34, 33, 32이므로 ㉡은 31입니다.

따라서 28보다 크고 31보다 작은 수는 29, 30 입니다.

경시대회 도전 문제

28~31쪽

1 7	**2** 3가지	**3** ㉡
4 8살	**5** ㉡	

6 3개, 5개, 4개	**7** 성현, 1점
8 39	**9** 재민, 지아, 영우
10 15번	

1 5 → ① → ②
      ↓
      ③ → ㉠

① 5보다 1만큼 더 큰 수: 6

② 6보다 1만큼 더 큰 수: 7

③ 7보다 1만큼 더 작은 수: 6

➔ ㉠ 6보다 1만큼 더 큰 수: 7

2 재현이와 동생이 붕어빵 8개를 나누어 먹는데 재현이가 동생보다 더 많이 먹는 방법은 다음과 같습니다.

3 그릇의 크기가 같으므로 물의 높이가 낮을수록 담긴 물의 양이 적습니다. 물의 양이 적은 것부터 차례로 기호를 쓰면 ㉡, ㉠, ㉢이므로 담긴 물의 양이 가장 적은 그릇은 ㉡입니다.

➔ 가장 높은 소리가 나는 그릇은 ㉡입니다.

4 6보다 크고 8보다 작은 수는 7이므로 유진이는 7 살이고, 7보다 2만큼 더 큰 수는 9이므로 서연이는 9살입니다.

7보다 크고 9보다 작은 수는 8이므로 재하는 8살 입니다.

5 지수는 ▢ 모양 3개, ● 모양 3개를 가져왔습니다.

은채는 ▢ 모양 1개, ⬭ 모양 2개, ● 모양 3개를 가져왔습니다.

➔ ㉡ ● 모양의 수는 지수와 은채가 같습니다.

6 오른쪽 모양을 만들려면 ▢ 모양이 4개, ⬭ 모양이 5개, ● 모양이 6개 필요합니다.

▢ 모양은 1개가 부족했으므로 4보다 1만큼 더 작은 수인 3개이고 ● 모양은 2개가 부족했으므로 6보다 2만큼 더 작은 수인 4개입니다.

따라서 지아가 가지고 있는 ▢ 모양은 3개, ⬭ 모양은 5개, ● 모양은 4개입니다.

7 성현: 0+3=3(점), 3+5=8(점)

지은: 1+3=4(점), 4+3=7(점)

➔ 성현이가 8-7=1(점)을 더 많이 얻었습니다.

8 ●가 10개씩 묶음의 수 1을 나타내고 ★은 낱개의 수 5를 나타냅니다.

●●●★■■■■는 ●가 3개이므로 10개씩 묶음의 수가 3이고, ★이 1개, ■가 4개이므로 낱개의 수가 9입니다. ➔ 39

9 자전거가 움직인 칸 수를 세어 봅니다.

지아: 10칸, 영우: 8칸, 재민: 12칸

따라서 이동한 거리가 먼 사람부터 차례로 이름을 쓰면 재민, 지아, 영우입니다.

10 10개씩 묶음의 수에 3을 쓰는 경우: 30, 31, 32, 33, 34, 35, 36, 37, 38, 39 ➔ 10번

낱개의 수에 3을 쓰는 경우: 3, 13, 23, 33, 43 ➔ 5번

따라서 숫자 3은 모두 15번 씁니다.

배움으로 행복한 내일을 꿈꾸는
천재교육 커뮤니티 안내 . . .

교재 안내부터 구매까지 한 번에!
천재교육 홈페이지

자사가 발행하는 참고서, 교과서에 대한 소개는 물론
도서 구매도 할 수 있습니다. 회원에게 지급되는 별을 모아
다양한 상품 응모에도 도전해 보세요!

다양한 교육 꿀팁에 깜짝 이벤트는 덤!
천재교육 인스타그램

천재교육의 새롭고 중요한 소식을 가장 먼저 접하고 싶다면?
천재교육 인스타그램 팔로우가 필수!
깜짝 이벤트도 수시로 진행되니 놓치지 마세요!

수업이 편리해지는
천재교육 ACA 사이트

오직 선생님만을 위한, 천재교육 모든 교재에 대한 정보가 담긴
아카 사이트에서는 다양한 수업자료 및 부가 자료는 물론
시험 출제에 필요한 문제도 다운로드하실 수 있습니다.

https://aca.chunjae.co.kr

천재교육을 사랑하는 샘들의 모임
천사샘

학원 강사, 공부방 선생님이시라면 누구나 가입할 수 있는 천사샘!
교재 개발 및 평가를 통해 교재 검토진으로 참여할 수 있는 기회는 물론
다양한 교사용 교재 증정 이벤트가 선생님을 기다립니다.

아이와 함께 성장하는 학부모들의 모임공간
튠맘 학습연구소

튠맘 학습연구소는 초·중등 학부모를 대상으로 다양한 이벤트와 함께
교재 리뷰 및 학습 정보를 제공하는 네이버 카페입니다.
초등학생, 중학생 자녀를 둔 학부모님이라면 튠맘 학습연구소로 오세요!

정답은
이안에
있어 !

나는 그 누구보다도 실수를 많이 한다.
그리고 그 실수들 대부분에서
특허를 받아낸다.

I make more mistakes than anybody
and get a patent from those mistakes.

토마스 에디슨

실수는 '이제 난 안돼, 끝났어'라는 의미가 아니에요.
성공에 한 발자국 가까이 다가갔으니, 더 도전해 보면 성공할 수 있다는
메시지랍니다. 그러니 실수를 두려워하지 마세요.